INVENTAIRE
S 23442

AF603393

ÉTUDES CHIMIQUES

SUR LE

PHOSPHATE DE CHAUX

ET SON EMPLOI

EN AGRICULTURE

Leçons professées à l'École préparatoire des Sciences et des Lettres de Nantes

PAR

ADOLPHE BOBIERRE

DOCTEUR ÈS-SCIENCES,
OFFICIER DE L'INSTRUCTION PUBLIQUE, CHIMISTE VÉRIFICATEUR DES ENGRAIS DE LA LOIRE-INFÉRIEURE,
CORRESPONDANT DE LA SOCIÉTÉ IMPÉRIALE ET CENTRALE D'AGRICULTURE,
MEMBRE DE LA CHAMBRE D'AGRICULTURE ET DU CONSEIL CENTRAL D'HYGIÈNE ET DE SALUBRITÉ DE NANTES,
CORRESPONDANT DU MINISTÈRE DE L'INSTRUCTION PUBLIQUE POUR LES TRAVAUX SCIENTIFIQUES,
DE L'ACADÉMIE DE PHARMACIE DE MADRID, ETC., ETC.

La question est de savoir où trouver assez de phosphates pour rajeunir des contrées entières. — ÉLIE DE BEAUMONT.

PARIS,
LIBRAIRIE AGRICOLE, RUE JACOB, 26.

1859.

DU PHOSPHATE DE CHAUX

ET DE SON EMPLOI

EN AGRICULTURE.

Nantes, imprimerie W. Busseuil.

DU
PHOSPHATE DE CHAUX
ET DE SON EMPLOI
EN AGRICULTURE

Leçons professées à l'Ecole préparatoire des Sciences et des Lettres de Nantes

PAR

ADOLPHE BOBIERRE

DOCTEUR ÈS-SCIENCES,
CORRESPONDANT DU MINISTÈRE DE L'INSTRUCTION PUBLIQUE
POUR LES TRAVAUX SCIENTIFIQUES,
CHIMISTE VÉRIFICATEUR DES ENGRAIS DE LA LOIRE-INFÉRIEURE,
MEMBRE CORRESPONDANT
DE LA SOCIÉTÉ IMPÉRIALE ET CENTRALE D'AGRICULTURE.

La question est de savoir où trouver assez de phosphates pour rajeunir des contrées entières. — ELIE DE BEAUMONT.

PARIS,
LIBRAIRIE AGRICOLE, RUE JACOB, 26.

1858.

DU

PHOSPHATE DE CHAUX

ET DE SON EMPLOI

EN AGRICULTURE

PREMIÈRE LEÇON.

Vicieuse interprétation d'une proposition exacte. — Culture de l'air et culture du sol. — Inventaire de l'atmosphère. — Dualisme nécessaire. — Assimilation des substances minérales par les plantes. — Influence de la nature chimique du sol. — Influence de l'individualité du végétal. — Les plantes choisissent. — Base de la théorie des engrais et des assolements. — Ce que les récoltes enlèvent au sol. — Nécessité de l'association de l'azote à l'acide phosphorique basée sur la constitution des graines. — Le dernier mot du problème.

Messieurs,

Il y a une vingtaine d'années, MM. Payen et Boussingault, prenant pour base d'appréciation l'hypothèse d'un sol normal, c'est-à-dire contenant toutes les substances minérales fixes indispensables à la végétation, émettaient cette proposition : que les engrais peuvent être classés d'après leur teneur en azote. « Tout en reconnaissant l'importance, la nécessité absolue des principes azotés dans les engrais, ajoutaient ces chimistes (1), nous sommes loin de penser que ces principes soient les seuls utiles à l'amélioration du sol. Il est certain que plusieurs sels calcaires et terreux sont indispensables au développement des végétaux. »

Mal comprise et dès lors mal appliquée, cette proposition si logique a donné lieu à des confusions fâcheuses. On a trop souvent méconnu le véritable point de vue des auteurs que je viens de citer. Oubliant les corollaires qui découlent immédiatement de l'examen d'un végétal et du sol où il s'est développé, on a préconisé outre mesure des substances azotées lorsque le terrain qui devait le recevoir réclamait tout d'abord des matières minérales indispensables à la culture. Passant d'un extrême à l'autre, on a quelquefois oublié les lois auxquelles est subordonnée l'assimilation des principes terreux qu'on employait. On négligeait ainsi, par un exclusivisme non moins fâcheux, l'immense parti qu'on pouvait tirer des substances azotées. Mieux que personne, Messieurs, vous avez pu suivre avec intérêt cette lutte, ces discussions, ces tâtonnements d'où la vérité devait enfin jaillir. Défrichant un sol spécial presque uniquement composé de détritus d'une même provenance originaire, mais qui ont éprouvé, à des degrés distincts, des effets d'altération ou de remaniement; semant avec profusion le sarrasin et le froment — ces avides aspirateurs de phosphates — dans les débris des roches anciennes, à éléments quartzo-feldspathiques et micacés qui forment les terrains de la Bretagne, vous avez depuis longtemps compris que si les éléments de fertilisation doivent être dans une certaine limite empruntés à l'atmosphère, il vous importait, à vous surtout, de ne pas oublier les rapports

(1) *Annales de Chimie et de Physique*, 3e série, T. III et VI.

du végétal avec le sol et quel appauvrissement de la propriété foncière peut résulter de l'emploi trop exclusif des engrais azotés.

Puisant tout à la fois dans l'atmosphère et dans le sol, le végétal peut être étudié —vous le comprenez déjà— à un double point de vue. Quelle que soit d'ailleurs la différence des horizons pendant le cours d'une telle étude, il est important de ne pas oublier que tout se lie dans les phénomènes de la nature, et que, sauf certains cas exceptionnels déterminés, l'obtention des récoltes signifie tout à la fois *culture de l'air et culture du terrain*..

N'est-ce pas cultiver l'air, en effet, que d'en extraire, par mille procédés ingénieux, des gaz qui, se solidifiant bientôt, revêtiront les riants aspects de la végétation? Qu'est-ce que ces ingénieuses pratiques qui permettent de remuer le sol, de le rendre poreux, de l'enrichir de substances azotées, de l'égoutter, de l'irriguer enfin, si non des méthodes de fixation de l'azote atmosphérique sous forme de salpêtre ou d'ammoniaque, de condensation de l'acide carbonique, sous forme, soit de solution aqueuse, soit encore de gaz utilement amassé dans de mystérieux magasins? Qu'est-ce enfin que ces eaux aspirées en quelque sorte par les cimes des montagnes que reboise le sylviculteur, puis répandues sur le sol où elles portent l'abondance et répartissent les éléments inertes? Qu'est-ce que tout cela, si non le domaine atmosphérique devenu le domaine de l'agriculteur intelligent?

J'ai eu occasion, Messieurs, de dresser avec vous l'intéressant inventaire des richesses atmosphériques; j'ai essayé de vous faire comprendre ces admirables réactions sous l'influence desquelles le végétal emprunte à l'air le carbone, l'hydrogène, l'oxygène et l'azote dont il est formé. Les intéressantes recherches des Barral, des Fresenius, des Pierre, des Grœger, des Kemp, vous ont montré l'eau de pluie apportant aux terrains des proportions considérables de substances fertilisantes, dont une observation superficielle ne permettait pas de calculer l'importance. Je vous ai cité les grandes vues synthétiques de M. Dumas, sur l'harmonie du règne végétal et du règne animal. Enfin, des nombreuses et probantes expériences de M. Boussingault, nous avons pu déduire que les végétaux n'absorbent pas directement l'azote atmosphérique : d'où cette conséquence, que ce principe, si essentiel à l'organisation, doit être transformé, condensé par la culture de la prairie, condensé encore par l'élevage de l'herbivore, condensé en dernière analyse par les excréments et les détritus animaux, pour se transformer en plantureuses récoltes. Voilà, Messieurs, l'histoire des migrations d'une bulle d'air, et voilà surtout la démonstration de cette grande loi du travail, pour la réalisation de laquelle la science peut bien se substituer à la force physique, mais où l'activité humaine est l'indispensable moteur.

Et maintenant, Messieurs, que nous sommes d'accord sur ces considérations générales qui dominent évidemment toute discussion relative aux engrais, maintenant que nous savons quel dualisme doit nous guider dans nos investigations ultérieures, abordons l'examen des nécessités les moins discutables de la *culture du terrain*. Cet examen pourra peut-être emprunter un intérêt puissant aux nombreuses recherches effectuées depuis quelque temps sur les gisements de phosphates utilisables par l'agriculture.

Les cendres qu'on obtient lorsque l'on brûle une plante, nous donnent une irréfragable preuve de l'aptitude du végétal à emprunter au sol des éléments terreux et fixes. Ce qu'une observation très-superficielle nous démontre également, c'est que telle famille végétale se distingue de telle autre aussi bien par la quotité des cendres que par leurs qualités. Depuis longtemps, et sans être précisément des chimistes, les marchands de charrée de nos localités ont fait à cet égard des remarques très-judicieuses et que les recherches des savants n'ont fait que préciser en les coordonnant.

Est-ce à dire qu'un végétal déterminé donnera toujours la même quantité de cendres, quelles que soient d'ailleurs les conditions de son développement? Sommes-nous en droit d'établir que cette cendre sera toujours identique, alors qu'elle proviendra d'une végétation opérée sur un sol argileux ou calcaire? Certainement non, Messieurs, et c'est à cause des variations de quotité et de qualité inhérentes à ces conditions variables, qu'il a été longtemps difficile d'établir des lois quelque peu rigoureuses exprimant la répartition des substances minérales dans les différentes familles des végétaux.

Les analyses des Théodore de Saussure, des Knop, des Berthier, des Boussingault, ont permis d'établir des faits importants et de démontrer que ce n'est pas capricieusement et dans des conditions indépendantes de toute loi que la matière minérale du sol est aspirée et fixée dans la récolte. Tout récemment encore, un remarquable mémoire de MM. Malaguti et Durocher, a permis de jeter une lumière plus vive sur cet intéressant sujet. Une nombreuse série de végétaux, croissant spontanément dans les terrains non calcaires, a été l'objet des analyses de ces savants. Permettez-moi d'insister quelques instants sur certaines conséquences de ces analyses.

MM. Malaguti et Durocher ont tout d'abord constaté que, dans les individus comme dans les familles, l'influence du sol calcaire se fait remarquer d'une manière saisissante: des chiffres permettent d'établir ce fait important. Voici, en effet, la richesse en chaux de la même plante croissant spontanément sur un sol calcaire ou sur un sol argileux.

PLANTES CUEILLIES.	SUR LES SOLS	
	CALCAIRES.	ARGILEUX.
Brassica oleracea (Crucifères)	27,98	13,62
Brassica napus (Crucifères).	43,60	19,48
Trifolium pratense (Légumineuses). .	43,32	29,72
Trifolium incarnatum (Légumineuses)	36,18	26,68
Scabiosa arvensis (Dipsacées). . . .	28,60	17,16
Allium porum (Liliacées).	22,61	11,41
Dactylis glomerata (Graminées). . . .	6,24	4,62
Quercus pedunculata (Amentacées cupulifères)	70,14	54,00
Moy. des prop. centésimales de chaux	34,83	22,09

De ces faits isolés à des faits généraux, la transition est facile, lorsque nous considérons les chiffres suivants déterminés par les mêmes savants et qui ont trait aux grands caractères des familles.

PLANTES CUEILLIES.	SUR LES SOLS	
	CALCAIRES.	ARGILEUX.
1° Dans les Crucifères (six analyses).	35,79	20,12
2° Dans les Légumineuses (six analyses).	40,26	28,12
3° Dans les Dypsacées (cinq analyses)	38,65	20,63
4° Dans les Salicinées du genre Populus (cinq analyses).	68,87	51,16
Moy. des prop. centésimales de chaux	45,87	30,01

Si vous considérez, Messieurs, la dernière colonne des deux tableaux que je viens de mettre sous vos yeux, vous y remarquerez que sur des sols argileux il y a eu en réalité absorption de chaux par le végétal. C'est que dans le sol arable il suffit de proportions extrêmement petites — je dirai même inappréciables par nos réactifs cependant si sensibles — de matières utiles au végétal pour que celui-ci se mette à leur recherche, les sépare, les aspire, les assimile et les amène ainsi des profondeurs de la terre où elles eussent été ignorées, dans les tiges, les feuilles, les fleurs et les fruits où leur localisation devient si aisément évidente qu'il suffit, pour l'établir, d'une simple combustion à l'air.

Nous reviendrons plusieurs fois sur ce sujet.

Gardez-vous toutefois d'oublier, Messieurs, qu'à côté de ces faits il en est de non moins intéressants pour vous, agriculteurs bretons, qui voulez avant tout être éclairés sur la production la plus avantageuse, dans les conditions déterminées par la nature argilo-schisteuse du sol que vous exploitez.

Une loi sur laquelle sont d'accord tous les savants dont je viens de vous citer les noms, une loi qui ressort, non-seulement des expériences de laboratoire, mais encore de la diminution de fécondité de quelques pays trop longtemps producteurs des mêmes récoltes, c'est celle du *choix* des végétaux pour tel principe minéral plutôt que pour tel autre. Entendons-nous : ce choix pourra bien être contrarié par l'homme dans une limite restreinte ; la plante pourra bien à la rigueur subir une modification de régime, selon le terrain qu'on lui offrira ; mais rappelez-vous toujours que si le froment, par exemple, fournit des cendres généralement riches en acide phosphorique, il faudra plutôt se préoccuper de lui en donner abondamment, soit par le choix du sol, soit par la composition des engrais, que s'adonner à des recherches de détail sur les modifications possibles des cendres du froment selon les localités. Savoir de quels aliments minéraux les plantes usuelles sont avides, c'est un grand point, puisque la science des assollements et des engrais dérive immédiatement de cette connaissance.

Un chimiste dont je prononcerai souvent le nom dans ces conférences, parce que ses travaux ont largement contribué à fonder la chimie agricole moderne, M. Boussingault a voulu — se plaçant sur le terrain de la pratique — effectuer cette utile recherche des matériaux du sol spécialement assimilables par telle ou telle plante. Vous comprenez facilement, Messieurs, qu'en possession d'une telle donnée, l'agronome intelligent puisse apprécier avec une suffisante rigueur ce que telle récolte enlève à sa propriété, et par suite ce qu'il faut qu'il lui restitue. D'autre part, s'il est établi que le végétal A enlève surtout un principe inorganique du sol qui n'est pas très-nécessaire au végétal B, il sera possible d'admettre que les cultures de A et de B se succèderont sans danger; mais c'est là du simple et vulgaire bon sens. Je n'insiste pas.

Voici ce que 100 parties de cendres des plantes cultivées par M. Boussingault, dans son domaine de Bechelbronn, lui ont fourni en acide phosphorique (le phosphate de chaux des os contient 46 pour cent de cet acide), puis en potasse et en chaux. Je laisse de côté à dessein les autres substances constitutives de ces cendres, telles que silice, magnésie, soude, chlore, acide sulfurique, etc.

Mon but étant tout spécial, mon désir étant de vous appeler sur un terrain de culture que j'appellerai commercial, mes citations se bornent aux matières les plus chères, nécessaires aux végétaux. Or, les phosphates, les alcalis, la chaux, voilà pour vous, Messieurs, ce dont il importe d'être préoccupé. Mais revenons aux analyses de M. Boussingault : elles lui ont fourni ces chiffres :

Substances contenues dans 100 parties de cendres.

VÉGÉTAUX QUI ONT DONNÉ LES CENDRES.	ACIDE phosphorique.	CHAUX.	POTASSE.
Pommes de terre	11.3	1.8	51.5
Betteraves champêtres	6.0	7.0	39.0
Navets	6.1	10.9	33.7
Topinambours	10.8	2.3	44.5
Froment	47.0	2.9	29.5
Paille de froment	3.1	8.5	9.2
Avoine	14.9	3.7	12.9
Paille d'Avoine	3.0	8.3	24.5
Trèfle	6.3	24.6	26.6
Pois	30.1	10.1	35.3
Haricots	26.8	5.8	49.1
Fèves	34.2	5.1	45.2

Le sarrasin ou blé noir, dont la culture vous est si familière, donne des cendres qui s'élèvent à 2,50 % ou à 3,20 % du végétal, selon qu'on brûle la graine ou la paille. La composition centésimale de la cendre, dans chacun de ces cas, est la suivante :

	Graine.	Paille.
Alcalis	21,84	15
Chaux	6,66	55,98
Magnésie	10,58	15,99
Fer, etc.	1,05	2,70
Acide phosphorique	50,22	0,67
Acide sulfurique	2,16	0,30
Acide silicique	0,69	7,72
Chlore		1,64
	100,00	100,00

Mais poursuivons cette étude et appliquons ces analyses à la culture d'un hectare, nous obtiendrons des chiffres dont il est facile de comprendre l'importance.

Substances minérales enlevées au sol sur un hectare.

NATURE DE LA RÉCOLTE.	RÉCOLTE SÈCHE.	CENDRES dans 100 parties de la récolte.	QUANTITÉ de cendres par hectare.	ACIDE phosphorique.	CHAUX.	POTASSE et soude.
	kil.	kil.	kil.	kil.	kil.	kil.
Pommes de terre.........	3085	4,0	123,4	13,9	2,2	63,5
Betteraves..............	3172	6,3	199,8	12,0	14,0	89,9
Navets dérobés, demi-récolte................	716	7,6	54,4	3,3	5,9	20,6
Topinambours..........	5500	6,0	330,0	35,6	7,6	146,8
Froment................	1148	2,4	27,5	12,9	0,8	8,1
Paille de froment.........	2790	7,0	195,3	6,0	16,6	18,6
Avoine................	10F4	4,0	42,6	6,4	1,6	5,5
Paille d'avoine..........	1283	5,1	65,4	1,9	5,4	18,9
Trèfle..................	4029	7,7	310,2	19,5	76,3	84,1
Pois fumés..............	998	3,1	30,9	9,3	3,1	11,7
Haricots à l'état normal....	1580	3,5	55,3	14,8	3,2	27,1
Fèves à l'état normal......	2121	3.0	63,6	21,8	3,2	28,7

N'oublions pas le sarrasin, qui enlève en moyenne à chaque hectare de terrain :

	Alcalis.	Chaux.	Acide phosphorique.
Grain.............	6k31	1k46	11k00
Paille...........	2k85	10k63	0k12
	9k16	12k09	11k12

Ainsi, la récolte du blé faite sur un hectare de terrain correspond à l'enlèvement d'environ 19 kilogrammes d'acide phosphorique ; une récolte de fèves enlève 22 kilogrammes du même acide. Or, supposez, Messieurs, que, dans un sol pauvre par lui-même, cela se répète longtemps; supposez que l'agriculteur, par l'accumulation dans ses fumures des principes atmosphériques, carbone, azote, oxygène, hydrogène, ait poussé dans ses dernières limites l'extraction, par les plantes de l'acide phosphorique, des alcalis et de la chaux que renfermait son terrain : que lui arrivera-t-il ? La maigreur des récoltes, conséquence d'un épuisement du terrain; l'insuccès, la ruine, en un mot. C'est le sort de tout agronome imprévoyant qui compte trop sur les ressources du sol, parce qu'il voit l'atmosphère éternellement prodigue. Je me hâte de dire que souvent et sur un sol riche en engrais minéraux, c'est également la destinée de ceux qui demandent l'azote à l'atmosphère, sans travailler eux-mêmes à la transformation, à l'appropriation de ce gaz à leurs besoins.

Et voyez, Messieurs, comme la nature a pris soin de nous indiquer cette double nécessité des *cultures simultanées de l'atmosphère et du sol*. Lorsqu'on analyse les récoltes, on y constate une remarquable relation entre les produits azotés et l'acide phosphorique. M. Mayer (1) a analysé 10 échantillons d'avoine, 10 échantillons d'orge, 10 échantillons de froment et 10 échantillons de seigle, cultivés sur des terrains distincts; il a dosé avec soin l'azote et l'acide phosphorique de ces produits agricoles; il a constaté une fois de plus :

1° Que les ocillations qu'on remarque entre les proportions d'azote et d'acide phosphorique, sont comprises dans des limites très restreintes ;

2° Qu'il en est de même — au moins quant à ces semences — pour la quotité de cendres ;

(1) *Annalen der Chimie und Pharmacie*. — Tome CI, pag. 129 (nouvelle série, tome XXV), février 1857.

3° Qu'il existe une relation remarquable entre les matières albuminoïdes et l'acide phosphorique que renferment les graines. A une augmentation dans la proportion de l'acide phosphorique correspond une augmentation dans la proportion des matières albuminoïdes. On peut donc admettre que la formation des matières albuminoïdes dans les graines, est subordonnée à l'existence des phosphates.

4° Ce rapport diffère pour chaque matière albuminoïde. Les graines des légumineuses qui renferment principalement de l'albumine soluble et de la légumine, contiennent, pour la même proportion d'acide phosphorique, une fois et demie à deux fois plus d'azote que les graines de céréales qui sont spécialement riches en gluten.

5° Lorsque l'une des substances protéiques est remplacée par une autre, dans les semences de la même espèce et de la même variété, le rapport de l'acide phosphorique à l'azote se modifie par cela même.

Ce dernier fait, Messieurs, avait été déjà formulé par M. Millon. Récemment et d'une manière plus générale, M. Boussingault a prouvé surabondamment, par de nombreuses expériences, que, dans l'action combinée de l'azote *assimilable* et des phosphates, était résumé le grand problême de la végétation féconde. Azote et phosphates terreux, avait dit de son côté M. Dumas, pour résumer les données de la question ; et s'il m'était permis d'associer le nom d'un obscur pionnier de la science à ceux de ces maîtres illustres, je rappellerais ce que dans une autre enceinte je disais, en 1856 (1) : « A côté des usines où la » chimie extrait et condense les combinaisons ammonia- » cales, la génération qui s'élève verra construire d'autres » usines où l'acide phosphorique, que la nature a déposé

(1) *Le Noir Animal*, pag. 78

» dans certaines régions géologiques, sera approprié aux » besoins d'une agriculture perfectionnée. »

Ce qui me donne toute confiance en émettant ces propositions, c'est que je parle à un auditoire convaincu d'avance. Tous, Messieurs, vous avez été témoins des résultats admirables que, depuis tantôt trente-huit ans, l'emploi sagement compris du noir animal, — c'est-à-dire de l'acide phosphorique uni à l'azote, — peut réaliser dans l'agriculture des terrains argilo-schisteux.

Laissez-moi vous faire observer, en terminant, qu'insensiblement et par la force naturelle des choses, l'étude des matières terreuses nécessaires à la végétation nous conduit à l'étude des phosphates, ces véritables pierres précieuses du domaine confié à vos labeurs.

DEUXIÈME LEÇON.

Le sol considéré comme réservoir de phosphates. — Migrations de la molécule de phosphore. — L'acide phosphorique dans les sols primitifs, dans les végétaux, dans les animaux. — L'acide phosphorique trouvé dans les terres fertiles. — Action mutuelle des phosphates et des principes azotés. — Les rivières transportent de l'acide phosphorique. — Analyse des fumiers. — Analyse des substances animales. — Fixation de l'acide phosphorique par les animaux. — Statistique du phosphore considéré comme partie intégrante du corps humain.

MESSIEURS,

L'incinération des animaux ou des végétaux nous fournit des résidus qui renferment toujours de l'acide phosphorique. La présence invariable de ce principe dans les cendres permet de dire que les idées d'organisation et de présence du phosphore sont inséparables l'une de l'autre. Ce qu'il faut toutefois constater, c'est que beaucoup d'analyses de roches, de terrains de sédiment, de terres arables même, ne font pas mention des phosphates. C'est cependant à la terre que les végétaux, et par suite les animaux, ont dû emprunter l'acide phosphorique : la terre doit donc *à priori* nous apparaître comme un véritable réservoir de phosphore. Quelques mots sont nécessaires à cet égard.

Un illustre savant, auteur d'un récent et remarquable travail sur les *Gisements géologiques de Phosphore* — M. Elie de Beaumont — a dit avec raison que ce corps n'avait pas été créé pour l'agréement des chimistes. Cela Messieurs, est parfaitement vrai. Par sa facilité à échapper à l'action des réactifs ou à s'engager dans des combinaisons complèxes qui masquent ses caractères, le phosphore, à très-petite dose surtout, a été longtemps négligé par les chimistes. Je ne doute pas que la révision des nombreuses analyses de sols qui ont été publiées depuis cinquante ans n'en puisse donner la preuve. Depuis quelques années, la chimie analytique a fait de grands progrès sous ce rapport, et l'emploi de certains réactifs tels que le *molybdate d'ammoniaque* et l'*azotate de cerium*, permet de poursuivre et d'atteindre, dans les minerais les argiles ou les marnes, des traces extrêmement minimes d'acide phosphorique qu'on n'avait pas signalées jusqu'à ces derniers temps.

Je vous parlais, Messieurs, dans notre dernière réunion, des migrations d'une bulle d'air, et je vous retraçais ces curieux phénomènes de condensation sous l'influence desquels la molécule d'azote s'appelle successivement ammoniaque ou acide azotique, puis organisme végétal, puis enfin fibre musculaire. Les migrations de la molécule de phosphore ne sont pas moins intéressantes pour le naturaliste ou l'agriculteur. Essayons de les saisir et de les retracer en partant des origines premières de l'acide phosphorique, c'est-à-dire de l'existence de ce corps dans les roches primitives et cristallisées.

L'analyse de ces roches, des gites métallifères qu'elles recèlent, a récemment prouvé que presque toujours l'acide phosphorique est un de leurs éléments constitutifs. Associé à la chaux, aux oxydes de fer de manganèse de plomb et cuivre, etc., ce corps se revèle presque constamment au chimiste exercé qui en fait une recherche spéciale. Ses proportions sont le plus souvent très-minimes, mais qu'importe? les végétaux n'ont-ils pas une merveilleuse aptitude à dégager du sol les principes nécessaires à leur développement?

Et remarquez, Messieurs, comme tout va s'enchaîner pour nous expliquer la diffusion de l'acide phosphorique dans nos cultures. Reportons-nous par l'imagination à l'origine des choses, à ces grands phénomènes naturels dont toutes les traditions, d'accord en cela avec la géologie, nous révèlent les gigantesques phases. Les roches ignées renferment de l'acide phosphorique. La désagrégation de ces roches, sous les influences combinées des eaux, de l'air, de la température et de l'acide carbonique, favorisent bientôt la division physique des masses. La végétation se développe, vivace, luxuriante, immense; accumulant tout à la fois en elle et le carbone de l'atmosphère qu'elle doit rendre sous forme de houille à de lointaines générations, et les phosphates que ses organes plongés dans un sol vierge s'assimilent, pour les abandonner un jour extrêmement divisés à la surface du sol. Et comme moyen énergique, actif, incessant de cette providentielle répartition, survient le règne animal et sa faculté de condensation des principes riches en azote et en phosphore. C'est alors la végétation qui subvient aux besoins alimentaires d'individus nouveaux : les phosphates revêtent de nouvelles formes. La molécule d'acide phosporique n'est plus la portion inerte et cristalline de le roche ignée; ce n'est plus la charpente minérale de la plante, c'est la substance osseuse de l'animal; que dis-je, c'est tout à la fois son squelette et sa chair, sa fibre nerveuse et son être tout entier. N'ai-je pas déjà avancé que les idées d'organisme et de phosphore sont inséparables l'une de l'autre?

En résumé, le phosphore existait à l'origine des choses dans les roches primitives; il est devenu plus assimilable en raison de sa répartition dans les terrains de transition et de sédiment; les végétaux s'en sont emparé, puis l'ont cédé aux animaux; et ce tableau, Messieurs, vous l'avez chaque jour sous les yeux, lorsque vous suivez d'un œil attentif les pratiques agricoles de la Bretagne et de l'Auvergne. Il va prendre une couleur plus saisissante peut-être, lorsque ses données seront nettement déterminées par des chiffres.

J'ai essayé, Messieurs, de procéder méthodiquement pour vous démontrer l'*existence* du phosphore dans le sol, les végétaux et les animaux. Je suivrai la même marche en exprimant par quelques chiffres la *quantité* de l'acide phosphorique, eu égard à ces différents milieux.

La fertilité de certains terrains est désormais expliquée, grâce aux habiles et minutieuses investigations de la chimie analytique. Vous savez, Messieurs, que les noirs d'os et les phosphates de chaux d'origines diverses, qui font merveille sur les sols primitifs et de transition, sont relativement sans action sur les terrains calcaires où réussissent, par contre, les engrais azotés. Or, tandis que les terrains primitifs et de transition contiennent peu de phosphates, *tandis que ces phosphates sont fortement agrégés*, au contraire, les marnes, les calcaires tertiaires nous les offrent en proportion assez forte et à un état tout favorable à l'assimilation. Tout s'explique dès lors pour l'observateur. Voici, au surplus, quelques chiffres significatifs.

M. Elie de Beaumont, dans le remarquable mémoire que j'ai cité tout à l'heure, raconte ce qui suit :

Vers l'époque où des agronomes anglais faisaient explorer les gisements de phosphate de chaux de l'Estramadure par MM. Daubeny et Widdrington, on reconnut, dans le Surrey, que l'emploi des os pulvérisés et d'autres matières riches en acide phosphorique ne procurait aucun avantage à l'agriculture lorsqu'on les répandait sur des terres assez fertiles par elles-mêmes, dont le sous-sol appartient à certaines assises de grès verts supérieur et inférieur. Cela devait faire soupçonner que le phosphate de chaux, qui est l'un des éléments fertilisants des os pulvérisés, se trouvait naturellement dans ces terres en proportion suffisante, idée à laquelle les remarques de M. le docteur Fitton avaient déjà préparé les esprits.

Un chimiste exercé, M. J.-C. Nesbit, s'occupa immédiatement de recueillir des sols et des roches de ces cantons dans le but de faire des recherches chimiques sur l'origine de leur fertilité. Il reçut entre autres de Farnham des échantillons d'une marne fertile située dans les propriétés de M. J.-M. Paine. Un examen rapide lui révéla la présence, dans cette marne, d'une proportion inaccoutumée d'acide phosphorique, et, en novembre 1847, il communiqua à M. Paine la découverte qu'il avait faite à cet égard.

On retira de cette marne, par le moyen du lavage, des substances contenant 28 0/0 d'acide phosphorique, ce qui correspond à 60,67 de phosphate de chaux. La masse générale de la marne contenait 2 à 3 % de cet acide, représentant 4,33 à 6,50 % de phosphate. On comprend qu'en présence d'une belle proportion d'acide phosphorique l'apport d'engrais phosphatés était parfaitement superflu.

Dans dix calcaires du Midi de l'Allemagne, M. Fehling a reconnu également la présence de l'acide phosphorique.

Dans le sol des dunes de Brighton, M. Schweitzer a trouvé un millième de phosphate de chaux.

Il y a quelques années à peine M. De la Noue, géologue, habitant le département du Nord, annonçait qu'il existe dans les carrières calcaires des environs de Lille une substance appelée *tun*, dans laquelle il a trouvé, par l'analyse, une quantité considérable d'acide phosphorique, qui varie de 8 à 15 %, ce qui représente 19 à 32,50 de phosphate de chaux. Un échantillon de *tun* blanc, provenant d'une couche non homogène de 2 mètres d'épaisseur, lui a donné 14,93 % d'acide phosphorique, ce qui correspond à 32,31

% de phosphate de chaux. M. De Lanoue a recueilli des échantillons de cette roche, qui forme une couche de $0^{m},60$ à $1^{m},20$ d'épaisseur, s'étendant à plusieurs lieues aux environs de Lille. Que de phénomènes deviennent explicables grâce à ces données, et que la possibilité de certaines cultures souvent renouvelées devient facile à interpréter lorsque de telles richesses sont tout à coup mises en lumière !

Un savant ingénieur des mines, auteur d'intéressantes recherches sur le terrain crétacé du Nord de la France, M. Meugy, a apporté, pour sa part, des faits nombreux à cette statistique.

M. Meugy a constaté, en effet, la présence d'une assez forte proportion d'acide phosphorique dans la marne de Cysoing et dans divers échantillons de marnes et de calcaires marneux hydrauliques provenant des deux carrières de Bouvines, situées à droite et à gauche de la route de Lille à Saint-Amand, dans ceux de Sainghin et dans la craie chloritée d'Annapes, exploitée comme pierre de construction.

« Un simple calcul suffira, dit M. Meugy, pour faire comprendre l'intérêt que le pays peut attacher à la découverte de l'acide phosphorique dans ces calcaires. Le mètre cube de craie pesant 1,250 kil., une couche de 1 mètre d'épaisseur sur 1 are de surface, pèsera 125,000 kil. et renfermera, à raison de 3,70 %, 4,625 kil. d'acide phosphorique. Maintenant, un are de terre fournit de 25 à 28 litres de blé, pesant 20 kilogr., et une quantité de paille formant à peu près le double du poids de la graine, soit 40 kilogr. Ces quantités réduites en cendres laissent environ 1 % de résidu pour la graine, et 5 % pour la paille; de sorte que la cendre de graine de blé, contenant moitié de son poids d'acide phosphorique, et la paille 4 %, il entrera 0 kilog.

18 de cet acide dans le produit d'un are. Donc cette surface, en supposant qu'elle s'étende sur une craie de la nature de celle dont l'analyse a été rapportée plus haut, renfermerait, sur un millimètre d'épaisseur seulement, une quantité d'acide phosphorique (4,625) égale à celle qui correspondrait à 25 récoltes de blé $\left(\frac{4,625}{0,18} = 25\right)$. »

M. Verdeil s'est livré à une série d'analyses sur les terres fertiles de Versailles (1).

Cet expérimentateur s'est particulièrement attaché à la recherche des principes facilement solubles dans l'eau. A cet effet, il a traité par l'eau pure et à la température de 50 degrés environ, les terres de Versailles ; la solution des principes solubles a été filtrée, puis évaporée à siccité. L'extrait ainsi obtenu a été réduit en cendres. Le résidu minéral de ces cendres renfermait des quantités de phosphate de chaux exprimées dans le tableau que vous avez sous les yeux.

DÉSIGNATION DE LA TERRE qui a fourni l'extrait.	PROPORTION de cendres % de l'extrait	RICHESSE des cendres en phosphate de chaux exprimée en centièmes.
Mail	57,00	4,27
Faisanderie	29,50	2,16
Gazon	65,00	2,75
Avenue de la Reine	56,00	6,32
Potager	63,00	11,20
Satory	67,00	18,50
Argile de Galy	52,00	3,83
Calcaire de Galy	53,00	9.00
Tourbe	54,00	0,92
Sablière	52,06	8,40

(1) Comptes-rendus de l'Académie des Sciences, T. XXXV, p. 95.

Je dois vous faire remarquer à cette occasion que l'action de l'eau tiède ne représente que bien imparfaitement les propriétés énergiquement dissolvantes du sol arable. Toujours est-il que les phosphates nous apparaissent déjà comme éléments importants dans tous les sols fertiles.

M. Boussingault rapporte l'exemple d'un sol crayeux, à peu près stérile sans engrais azoté, et qui, pour 100 parties sèches, représentait 11 dix millièmes de phosphate de chaux. C'est peu, direz-vous peut-être au premier abord. Cependant comme un décimètre cube de ce terrain représentait 1 kilogramme, un hectare considéré dans une épaisseur de 25 centimètres offrait à la végétation 2 à 3,000 kilog. de phosphate calcaire. C'est plus qu'il n'en faut pour subvenir aux besoins que je vous ai numériquement spécifiés dans une précédente leçon.

Ai-je besoin, Messieurs, d'insister longuement sur l'infertilité du sol riche en phosphates que cite M. Boussingault, et sur sa fécondité ultérieure en présence des matières azotées ? Non vraiment, car ce fait découle immédiatement des principes que j'ai déjà eu l'occasion de développer devant vous. Vous savez tous, par l'observation de ce qui se passe sous vos yeux, que les matières azotées motivent l'assimilation des phosphates, comme les phosphates motivent l'assimilation des matières azotées. Depuis longtemps M. Payen a constaté que les plantes renferment d'autant plus de substances minérales et de matières organiques azotées qu'elles sont plus jeunes et douées d'une plus grande énergie vitale ; que, de plus, entre les différents organismes d'une même plante, ceux qui sont plus jeunes ou plus récemment formés sont aussi les plus riches en matières minérales et azotées. Vos idées sont désormais bien fixées sur ce point important de la science agricole.

Deux mots encore, Messieurs, avant de quitter l'examen du sol pour entreprendre celui des végétaux et des animaux qui en condensent les phosphates. Les eaux qui courent à la surface des roches, celles qui baignent les terrains de sédiment renferment de l'acide phosphorique bien qu'en très-minime proportion. J'ai pour ma part constaté ce fait sur toutes les eaux de la Loire-Inférieure et de la Gironde. Je ne doute pas qu'il soit constant. Les eaux apportent donc aux végétaux qu'elles arrosent, autre chose que des produits atmosphériques. A ce titre, elles font en quelque sorte partie du sol lui-même, et on calcule, d'après des expériences très-positives, que 100 têtes de bétail par l'absorption des matières minérales dissoutes dans l'eau potable, peuvent apporter annuellement au fumier jusqu'à 7 à 800 kilog. de substances solides, dont l'acide phosphorique fait partie.

Et puisque j'ai parlé de fumier, j'appellerai tout d'abord votre attention sur l'acide phosphorique qu'il renferme. Les analyses de M. Boussingault donnent les chiffres suivants :

100 parties de fumier sec	de Belchebroon contiennent	1	% d'acide phosphorique.
—	fumier du Jardin des Plantes de Paris..	1,25	—
—	fumier de Grignon................	1,21	—
—	fumier de la Ménagerie de Paris......	0,78	—
—	fumier moyen....................	1,45	—

M. Boussingault, cite dans son excellent ouvrage d'*Economie rurale*, une période d'assolement quinquennal qui comportait un poids total de 49,086 kilog. de fumier. Ce fumier renfermait 29,70 % d'eau. Desséché, il fournissait 52 % de cendres, lesquelles contenaient 50 millièmes d'acide phosphorique. Il en résulte que la fumure des cinq années représentait 5,272 kilog. de cendres, soit 98 kilog. d'acide phosphorique. Cela fait par année 19k,600 d'acide phosphorique reparti dans 654k.400 de matière minérale.

Et si nous nous élevons progressivement jusqu'à l'examen des animaux, nous constaterons, Messieurs, que leurs os, leurs muscles, leur substance nerveuse et cérébrale, que les fluides de leur organisme, sang, lait, urine, liqueur séminale, sont toujours et partout pénétrés de phosphore. Intimement associé à des substances organiques, le phosphore abonde dans la masse cérébrale et la substance nerveuse : on peut presque dire qu'il y est *organisé.* Uni à l'oxygène et à la chaux, il forme l'un des éléments importants du squelette. Dissous par les fluides animaux, il est sans cesse porté d'un point à l'autre de l'individu, et alors même que sa dose totale reste fixe pour un animal déterminé, sa molécule néamoins, déplacée par des actions dissolvantes ou vitales, est excrétée puis remplacée par une molécule nouvelle qu'apporte le système digestif. Enlever aux aliments l'acide phosphorique et la chaux, essayer de nourrir un animal avec des principes purement azotés, c'est attenter à son existence. L'animal est, sous ce rapport, complétement identique à la plante.

On a suivi pendant vingt-quatre heures l'alimentation d'un jeune veau, en tenant compte des produits consommés et des produits excrétés. Cet animal a fixé, dans ce laps de temps, 6g,500 d'acide phosphorique et 7g,800 de chaux ; soit, 14g,300 de ces deux principes nutritifs. Or cela correspond à 3 % *du poids vivant développé.*

Une vache saillie, âgée de quatre ans, a été observée pendant quatre jours : elle a reçu, sous forme d'aliments, 200,g4 d'acide phosphorique ; 136,g4 du même acide ont été dosés dans ses excréments ; elle avait donc fixé 64 grammes d'acide pendant l'expérience. Chez un animal adulte on constate que, dans les cas ordinaires, il y a égalité entre l'absorption et l'excrétion.

Quelques chiffres encore, Messieurs, et j'aurai terminé ce tableau général de l'importance du phosphore dans les phénomènes naturels. Lorsqu'on dessèche les excréments, l'urine, le sang, les os de l'homme, et que, dans la matière sèche, on dose l'acide phosphorique, on trouve que cette substance entre :

Dans 100 parties	d'excrément de l'homme, pour	0,82
—	d'urine de l'homme.........	5,88
—	de sang..................	1,65
—	d'os....................	24,00

En présence de ces chiffres, en présence surtout des relations bien faciles à saisir entre les doses d'acide phosphorique que recèlent tout à la fois, le sol, les plantes et les animaux, ai-je besoin, Messieurs, de recourir à de nouveaux exemples pour démontrer la haute influence des phosphates en agriculture ? Non, évidemment. Permettez-moi toutefois d'emprunter aux belles vues synthétiques de M. Elie de Beaumont, une idée bien remarquable sur le rôle du phosphore comme élément matériel des sociétés humaines.

« On peut estimer peut-être à environ un milliard le nombre des hommes qui, depuis les Celtes jusqu'à nous, sont nés et ont grandi sur le territoire de la France. Tout l'acide phosphorique contenu dans leurs os et dans leurs chairs provenait de notre sol, et soit qu'ils aient émigrés, soit qu'ils soient morts en France et qu'ils aient été brûlés ou enterrés, tout cet acide phosphorique a été soustrait aux emplois agricoles. Si quelques-uns se sont noyés dans les fleuves, leurs cadavres ont été entraînés à la mer. Ceux-là seuls qui ont été dévorés par les loups et autres bêtes sauvages, et le nombre peut en être négligé, ont rendu leur acide phosphorique à la terre végétale comme le font les animaux et les plantes sauvages.

» D'après les pesées que M. Jobert de Lamballe a bien voulu faire exécuter à ma prière, un squelette humain desséché pèse moyennement 4 kilogrammes 600 grammes, et en admettant, d'après l'analyse rapportée au commencement de cette étude, que les ossements humains contiennent 53,04 % de phosphate de chaux, un squelette doit en renfermer 2 kilogrammes 440 grammes. Mais un corps humain pèse moyennement environ 75 kilogrammes; et, déduisant le poids du squelette, il reste environ 70 kilogrammes de parties molles qui, par l'incinération, donneraient vraisemblablement, comme la chair de bœuf, 1 1/2 % de cendres presque entièrement composées de phosphates de potasse, de soude, de chaux et de chlorures alcalins.

» Nous ne serons probablement pas loin de la vérité en supposant que la quantité d'acide phosphorique qu'elles renferment correspond à une quantité de phosphate de chaux égale à 80 % du poids des cendres, ou à 1 1/2 centièmes du poids des parties molles multiplié par 0.80, soit: $70.1 + \frac{1}{2}.\ 0{,}80 = 840$ grammes. Ces 840 grammes ajoutés aux $2^{k},440$ contenus dans les os, donnent un total de 3,280 de phosphate de chaux, par conséquent $1^{k},439^{gr}$ d'acide phosphorique et 639 grammes de phosphore natif pur, pour les quantités de ces substances qui sont renfermées dans un corps humain.

» Mais il s'agit du corps d'un homme adulte de taille moyenne ; or, dans le milliard d'individus dont nous avons parlé, la moitié étaient des femmes,, généralement plus petites que les hommes, et près de la moitié des individus des deux sexes sont morts avant l'âge adulte, à diverses époques de l'enfance et de l'adolescence. Cette double circonstance exigerait une double réduction à laquelle nous aurons probablement égard d'une manière à peut près exacte, en supposant que chaque corps contenait en moyenne une quantité d'acide phosphorique correspondante à *deux kilogrammes* de phosphate de chaux.

» D'après ces données, le milliard d'individus dont le sol de la France a fourni l'acide phophorique en a emporté en mourant une quantité correspondante à *deux milliards de kilogrammes*, ou *deux millions de tonnes* de phosphate de chaux. »

« On voit par là, dit M. Elie de Beaumont, qu'il faudrait exploiter de vastes et nombreuses carrières de chaux phosphatée terreuse pour rendre au sol de la France l'acide phosphorique dont le respect des sépultures l'a privé. Cette exploitation pourrait devenir l'objet d'une industrie fort importante, car si la matière qu'elle produirait se vendait comme il paraît que cela a lieu en Angleterre, au taux de 150 à 175 fr. la tonne, ou même seulement 100 fr., en raison de ce que nous la supposons contenir 18 et non 28 pour cent d'acide phosphorique, les 5,167,000 tonnes dont il a été question auraient une valeur de plus de 500 millions de francs; et si l'on réfléchit à ce que pourrait devenir un jour le besoin du phosphate de chaux lorsque l'épuisement général des terres serait plus sensible et mieux apprécié, on comprendra que la découverte de cette substance dans l'intérieur de la terre serait non-seulement un service rendu aux vivants, mais encore l'accomplissement d'un devoir pieux envers les cendres des morts. »

» Si l'on ajoute que, suivant toute apparence, le phosphate de chaux renfermé dans les sépulcres n'est qu'une fraction peu considérable de la quantitée que le sol de la France en a perdu par les causes que nous avons indiquées, on verra que pour pouvoir lui rendre la vigueur végétative qu'il possédait au temps des Celtes et des Gaulois, il faudrait que l'exploitation des couches qui contiennent du phosphate de chaux devînt une branche importante de l'industrie minérale. »

J'ai tenu, Messieurs, à vous citer textuellement ces paroles et les chiffres curieux auxquels elles empruntent une grande autorité. Elles établissent une fois de plus, d'ailleurs, que les sciences ne sauraient s'isoler, et que, pour éclairer les faces multiples des grands problèmes sociaux, la lumière des sciences n'est jamais inutile.

TROISIÈME LEÇON.

Le progrès des cultures en Bretagne a été proportionnel à l'emploi du noir d'os. — Difficulté de déterminer la valeur réelle des engrais. — Possibilité de faibles doses d'engrais et de bonnes récoltes. — Les traditions commerciales sont des enseignements. — Cultivateurs du Morbihan et cultivateurs de la Vendée. — Différences d'action du même engrais selon les sols. — Les prix des noirs d'os ne sont pas exactement déterminés par leur composition chimique. — L'agriculture n'est pas une science. — Emploi des chiffres approximatifs. — Engrais dérivés des os. — Les engrais industriels sont le plus souvent des engrais naturels au premier chef.

MESSIEURS,

L'acide phosphorique est l'un des produits constants des récoltes. Les végétaux, par des procédés aussi mystérieux que surs, empruntent ce principe à la terre et aux liquides qui la baignent : tels sont les points que j'ai établis et sur lesquels je n'ai plus désormais à revenir. Du domaine de la théorie générale, il nous faut désormais passer sur celui des faits industriels.

Parmi ces faits, il en est qui doivent vous intéresser d'une manière spéciale. Les terrains argilo-schisteux que vous cultivez demandent en effet des amendements ou des engrais dont l'expérience vous a appris à caractériser les propriétés. Aussi bien que moi, vous savez la supériorité relative des engrais artificiels à base de principes osseux dans la culture, en Bretagne, du froment et du sarrasin. Lorsqu'il s'agit de défrichement de landes, vous voyez chaque jour le progrès être en quelque sorte proportionnel à l'approvisionnement des cultivateurs, en noir animal ou en substances analogues. C'est déjà une grande leçon;

elle me rendra plus facile la tâche que je me suis imposée.

En agriculture, le phosphate de chaux — car c'est surtout sous cette forme que l'acide phosphorique est offert au sol, — le phosphate de chaux, dis-je, est associé dans les engrais à des substances qui diffèrent, par la texture physique ou la composition chimique. Il est lui-même plus ou moins divisé, plus ou moins assimilable, et on peut dire avec raison que dans dix variétés d'engrais industriels ayant une composition chimiquement identique, le phosphate de chaux peut être représenté par dix prix différents.

Maïs je vais plus loin encore et j'ajoute : si l'on veut établir une échelle de prix rigoureusement exacte des engrais en raison de l'acide phosphorique qu'ils renferment, on arrive bientôt à reconnnaître qu'un nouvel élément du problème intervient : c'est celui du sol, de sa composition, de sa consistance ; de telle sorte que l'engrais qui vaudra 20 francs ici, n'en vaudra que 15 un peu plus loin.

Je vais essayer de démontrer ces propositions.

S'il s'agissait purement et simplement de confier à la terre la somme de phosphates nécessaires à la culture d'un végétal déterminé, la question serait simple ; mais vous savez maintenant, Messieurs, que l'acide phosphorique est plus ou moins assimilable, selon sa division physique et son association à des matières organiques. Vous savez que si dans un hectare de terre maigre et dépourvue de principes hydrocarbonés, on fume à l'aide de trois hectolitres seulement de phosphate de chaux imprégné de sang, chair musculaire, ou toute autre matière azotée facilement décomposable, on obtiendra une récolte beaucoup plus abondante que si on avait introduit dans le même sol six hectolitres de cendres d'os très-riches d'ailleurs en acide phosphorique, mais dont les conditions de solubilité seraient insuffisantes.

Il y a plus, des différences presque insignifiantes dans la texture du phosphate ou dans celle des matières organiques qui lui sont associées, produisent des phénomènes analogues. Or, il importe à l'agriculteur de laisser le moins possible dans le sol le capital engrais qu'il lui a confié. Obtenir est quelque chose pour lui, obtenir vite est le principal. Vous voyez que cela nous conduit déjà à reconnaître que 900 grammes de phosphate convenablement préparé peuvent valoir en réalité beaucoup plus que 100 grammes de phosphate lentement assimilable.

Entendons-nous bien, toutefois. — Je pose le principe, je le déclare presque évident; — mais je n'oserais pas dire qu'il soit en notre pouvoir d'en tirer en pratique tout le parti que notre imagination nous fait entrevoir *à priori*, et de faire de l'agriculture comme on fait de l'arithmétique.

J'arrive à l'influence du sol.

Chaque jour, à Nantes, on assiste à des enseignements dont il ne s'agit que de recueillir avec soin les utiles préceptes. Ces enseignements, vous sont offerts, Messieurs, sur les marchés, dans les mercuriales, dans les agissements mêmes de la fraude, toujours habile à cacher ses manœuvres sous le pavillon des bonnes causes.

Les cultivateurs des terrains de la basse Bretagne, ceux qui défrichent des landes pourvues de substance végétale à réaction acide, recherchent d'une manière spéciale les produits osseux riches en acide phosphorique. Pour eux, la solubilité du phosphate, sa texture plus ou moins fine, la dose de matière organique azotée, tout cela les inquiète peu. Ils ont depuis longtemps fait l'expérience de la propriété énergiquement dissolvante de leur sol. Ils achètent du phosphate, et le phosphate grossier ou tenu, azoté ou non, leur donne généralement ce qu'ils lui avaient demandé. Ils en profitent, c'est au mieux; quelques-uns veulent ériger en loi le fait qui s'est passé sous leurs yeux. C'est un tort.

Vous préconisez l'influence exclusive de la dose du phosphate de chaux, peut leur répondre avec une haute raison le cultivateur des vieilles terres ou celui des départements avoisinant les calcaires : fort de mes expériences, je conteste, moi, vos théories. Plus j'avance vers les calcaires, et plus je reconnais l'inefficacité du phosphate non associé aux principes animaux. A vingt lieues, à trente lieues de mon domaine, j'entrevois de magnifiques récoltes où l'abondance du grain le dispute à celle de la paille, et dont cependant les poudrettes et les fumiers font seuls les frais. J'ai essayé, ajoute-t-il, les noirs d'os résidus de gélatine dépourvus de matières organiques et presque exclusivement formés de phosphate calcaire; j'ai tenté l'emploi des noirs de Russie, qui leur ressemblent beaucoup : je n'ai eu que des insuccès.

Tels sont, Messieurs, les faits également vrais, également explicables qui se passent dans des terrains distincts, — ceux, je suppose, du Morbihan et de la Vendée. — Or, s'il est exact de dire que l'étude attentive du sol doit précéder l'achat de l'engrais et guider dans son choix, on ne peut nier qu'en présence d'éléments si variables le prix des 100 kilogrammes de phosphate de chaux ne doive être très variable aussi.

Je pourrais ajouter que les prix commerciaux des noirs d'os ne sont jamais proportionnels, soit à la quantité de phosphate, soit à la quantité d'azote qu'ils renferment, et que les anomalies apparentes constatées à cet égard résument en réalité bien des conditions fort sérieuses de solubilité, de finesse, de rapport entre les éléments inorganiques ou organiques, etc., etc. La pratique et la science sont parfaitement d'accord sur ce point comme sur tant d'autres.

Ces considérations générales m'ont paru nécessaires, Messieurs, au moment où nous allons aborder l'examen industriel des phosphates de chaux. J'ai cru devoir vous montrer à quelles erreurs on peut s'exposer lorsqu'on dresse des tableaux exprimant par des chiffres précis la valeur de l'acide phosphorique et de l'azote dans les différents engrais connus. Je suis loin de contester l'utilité de ces tableaux, si l'on m'accorde qu'ils représentent des *à peu près*. Je les repousse de toutes mes forces, s'ils me sont offerts comme base rigoureuse d'une comptabilité agronomique. Et s'il en était autrement, Messieurs, si l'agriculture, en un mot, était une *science* exacte, il y aurait beaucoup moins de mérite à y réussir. C'est parce que c'est un *art* dans toute l'acception du mot, c'est parce qu'il faut un faisceau de connaissances spéciales et une raison droite pour l'exercer, que l'agriculture est réellement aujourd'hui, comme au temps de Cicéron, la plus noble, la plus élevée des professions.

C'est donc comme *à peu près* que nous pouvons établir le prix du phosphate de chaux des os dans l'un des types de noir d'os les plus riches en phosphore; — je veux parler des noirs de Russie.

Supposons qu'un hectolitre de noir de Russie sec pèse 95 kilog., renferme 80 % de phosphate de chaux et coûte 13 francs. Comme les 80 centièmes de phosphate appliqués au poids de l'hectolitre se réduisent à 76 kilogrammes de phosphate réel pour l'acheteur, si 76 kilogrammes coûtent 13 francs, 1 kilogramme de phosphate pur revient donc à 0 fr. 17.

Autre exemple : Un noir fin, et provenant de la carbonisation des os dont on a extrait la gélatine, pèse 85 kilogrammes, représente 82 centièmes de phosphate et coûte 17 fr. l'hectolitre. L'hectolitre contient en réalité 69^{k},70 de phosphate, et celui-ci revient à 0 fr. 24 le kilogramme.

En poursuivant cet examen purement industriel, nous trouverions bientôt certains noirs d'os dans lesquels le kilogramme de phosphate de chaux s'élèverait à 30 et 35 centimes. C'est que, dans ce cas, les substances azotées lui sont associées et rendent son effet beaucoup plus marqué dans un grand nombre de circonstances.

Je me résume :

Pour chaque engrais, pour chaque compost, le phosphate et l'azote ont des prix spécialement déterminés par un ensemble de circonstances physiques et chimiques qu'il est extrêmement difficile de caractériser numériquement.

Les chiffres exprimant la valeur commerciale de l'acide phosphorique ou le prix de l'azote dans les engrais, donnent des approximations utilisables *dans une certaine mesure*, c'est-à-dire pour comparer des mélanges dont l'analogie est très grande au double point de vue de la composition chimique et de l'origine.

Ces chiffres deviennent fort inexacts si leur application par l'agronome n'implique pas la donnée très sérieuse de l'état physique.

L'incertitude devient plus préjudiciable encore si l'élément représenté par les aptitudes du sol n'entre point dans la discussion toujours délicate de la valeur de l'engrais.

Voilà, Messieurs, la vérité vraie, présentée avec tout son absolutisme. Il faut bien la dire, comme réponse à des prétentions qui auraient pour but de faire de l'appréciation des engrais une affaire purement mathématique; mais, fort heureusement, la pratique ne demande pas de grands efforts de l'esprit, et pour peu qu'on ait présentes à la pensée les lois générales qui dominent l'action connèxe des matières organiques et de l'acide phosphorique, pourvu surtout qu'on ait égard aux impérieuses nécessités des alternances de culture, on peut prétendre à de beaux résultats dans l'actualité et à de notables améliorations foncières en vue de l'avenir.

Les os broyés, carbonisés, incinérés, acidifiés, associés à des substances diverses, constituent l'une des sources les plus importantes du phosphate de chaux consommé jusqu'à ce jour par l'agriculture. Dans les terres argilo-schisteuses, les engrais dérivés des os ont toujours donné de magnifiques résultats lorsqu'ils étaient employés avec discernement, et vous ne devez pas, Messieurs, en être étonnés, si vous avez présents à la pensée les grands phénomènes naturels dont je vous ai esquissé le tableau dans nos précédentes réunions.

Je saisirai cette occasion pour montrer une fois de plus combien le reproche que certains agriculteurs arriérés adressent aux engrais dits *industriels* est peu fondé, et je rétorquerai cette erreur en reproduisant les paroles que j'avais naguères l'honneur de prononcer à la séance solennelle du comice agricole de Nort. « L'Association Bretonne, disais-je, a constaté, il y a quelques années, que 25,000 hectares ont été défrichés de 1822 à 1848 dans la Loire-Inférieure, et qu'à cette dernière époque 100,000 hectares attendaient encore la conquête du laboureur. Or, si ces défrichements ont été possibles, si des cantons entiers ont changé d'aspect comme par enchantement, si des terres en rapport ont remplacé des landes stériles, c'est surtout au noir animal qu'il faut l'attribuer. A l'heure où je parle, ce n'est plus seulement aux environs de Nantes, ce n'est plus seulement en Bretagne que le noir est recherché pour la fécondation du sol; et, dans tous les départements de l'Ouest et du Centre où l'activité productrice a déclaré la guerre aux landes et aux bruyères, les demandes de noir sont telles que sa production devient insuffisante.

Je jette les yeux autour de moi et je n'aperçois dans ce canton que des terres enrichies par le noir animal. Habiles à l'employer, beaucoup d'entre vous ont obtenu des récoltes que leurs grands-pères n'eussent point osé espérer. Séduits par une fausse économie, d'autres ont eu des mécomptes, et cependant pas une voix ne s'éleverait parmi vous pour nier la précieuse action d'un engrais qui signifie : Récolte pour le sol et bien-être pour le laboureur...

» ..... Attachez-vous, disait un célèbre agriculteur de l'antiquité, à faire un gros tas de fumier. Rien de mieux. Mais ou prendre celui qui sera nécessaire au 900,000 hectares de landes de notre Bretagne actuelle? Est-ce aux vieilles terres, qui en ont à peine assez pour elles? Et, d'ailleurs, on ne transporte pas à bas prix — vous le savez. — De ce côté donc, pas de solution satisfaisante au grave problème de la mise en rapport de la lande. Avec le noir animal, au contraire, ce qui paraissait impossible devient facile, et c'est ainsi qu'une grande partie de l'arrondissement de Châteaubriant serait méconnaissable pour celui qui, l'ayant parcouru il y a trente ans, admirerait aujourd'hui ses belles cultures.

» Les plantes, les animaux naissent sur le sol de la ferme, s'accroissent aux dépens de la terre et de l'air. Or, la Providence a voulu que ce qui vient de l'air y retourne, et que ce qui vient du sol y retourne également. Les os des animaux, soit mis en poudre, soit carbonisés par l'action du feu, doivent donc par suite revenir nécessairement au sol dont ils proviennent. Le noir animal n'est donc pas un engrais *artificiel*, mais *naturel* au premier chef : c'est un débris, un fumier animal, fertilisant et indispensable au même titre que le débris, que le fumier des plantes est fertilisant et indispensable lui-même. J'en dirai autant des poudrettes, du sang, des cornes, des chiffons de laine, des produits d'équarrissage et des mélanges de ces substances que l'industrie prépare aujourd'hui sur une si vaste échelle ; j'en dirai autant, enfin, de ce guano si recherché, malgré son prix élevé, et dont la France reçoit le vingtième environ de la consommation de l'Angleterre.

» Sachez le bien, disais-je alors, et dois-je répéter en ce moment : l'agriculture sérieuse — et je ne parle pas de celle qui expose à grands frais des animaux ou des produits exceptionnels, mais bien de celle qui compte et qui encaisse, — l'agriculture sérieuse n'est ni exclusive (elle a trop d'expérience), ni faiseuse de systèmes (elle n'en a pas le temps) ; elle apporte un égal soin *au traitement de ses fumiers, à la conservation de ses débris animaux et à l'achat des engrais industriels*. Ne craignez pas qu'elle ait jamais à s'en repentir. »

Vous m'aurez pardonné, Messieurs, cette disgression ; elle était nécessaire, en effet, au moment où nous allons apprécier ensemble le rôle des engrais phosphatés dans les cultures de la Bretagne.

QUATRIÈME LEÇON.

L'acide phosphorique et la chaux se combinent en plusieurs proportions. — Exploitation des os. — Composition chimique des os de divers animaux. — Conditions d'association du phosphate dans l'os brut et dans l'os dégraissé. — Influence fâcheuse de la matière grasse. — Les os de l'Amérique du Sud. — Cendres d'os des Pampas. — Comparaison des cendres d'os et du noir d'os. — Os roulés de Magellan. — Les phosphates des tourteaux de poissons. — Produit carbonisé des résidus de fabrication de la gélatine. — La déperdition d'azote d'un os peut être plus que compensée par les conditions physiques nouvelles. — Commerce du noir animal à Nantes et à Saint-Brieuc.

MESSIEURS,

Nous aurons bientôt à examiner les transformations possibles du phosphate de chaux dans le sol, car l'analyse des végétaux nous prouve que cette substance n'est pas absorbée et accumulée telle quelle dans l'organisme de la plante.

Contentons-nous, pour le moment, d'établir les proportions d'acide phosphorique et de chaux que renferme le phosphate généralement employé.

Bien quo, dans les conversations et les transactions commerciales nous ayions, en France, l'habitude de sous-entendre que *phosphate de chaux* signifie *phosphate de chaux des os*, c'est-à-dire 46,16 d'acide phosphorique et 53,84 de chaux, il importe cependant que vous compreniez le vague d'une telle dénomination.

Les chimistes ont reconnu que l'acide phosphorique et la chaux peuvent former trois combinaisons bien définies, contenant des proportions distinctes d'acide phosphorique.

Voici le tableau de ces combinaisons :

	Acide phosphorique.	Chaux.	Eau.
	—	—	—
Phosphate neutre de chaux..................	43,90	34,14	21,96
Phosphate basique de chaux ou phosphate des os.	46,16	53,84	00,00
Phosphate acide de chaux..................	61,03	23,72	15,25

On pourrait, à la rigueur, signaler aussi un phosphate complêxe, résultant de l'union du phosphate neutre avec le phosphate acide, mais son examen rentrerait dans le domaine purement chimique, et ce n'est pas le nôtre en ce moment. Je me contenterai de vous faire remarquer que le phosphate des os est insoluble dans l'eau pure, tandis que le phosphate acide s'y dissout facilement. J'ajouterai que, sous l'influence de réactifs peu énergiques, comme l'acide carbonique, le phosphate basique des os est aisément entraîné à l'état de solution. Quelles sont les transformations qui s'effectuent en pareil cas? C'est ce dont nous nous occuperons spécialement en parlant d'une manière générale des engrais phosphatés et de leurs coefficients respectifs de solubilité.

Vous voyez, Messieurs, que lorsqu'on entame une transaction relative à des engrais industriels, il peut arriver que les mots *phosphate de chaux* soient l'objet d'une contestation en somme très-légitime. L'acide phosphorique, en effet, représente souvent le principe important de la matière livrée, et, selon que cet acide fait partie d'un phosphate acide ou d'un phosphate basique, les conditions de vente doivent être modifiées. En Angleterre, où la fabrication du phosphate acide de chaux a pris une grande extension, on a l'habitude de spécifier l'état de combinaison et, le plus souvent, de mentionner tout à la fois et la richesse de l'engrais en *phosphate acide* soluble dans l'eau et la quantité de *phosphate basique* à laquelle correspond ce principe. En France, où le phosphate basique est surtout utilisé jusqu'à ce jour, il n'y a pas eu lieu encore — que je sache du moins — de tenir compte de ces différences. Je devais, Messieurs, vous les signaler au moment où l'introduction des phosphates minéraux sur le marché pourrait bien donner naissance à des nécessités nouvelles.

Sous forme d'os, le phosphate basique de chaux a toujours été l'objet d'un emploi considérable en agriculture. Les os de cuisine ou d'équarrissage, les débris des fabriques de boutons, les nombreux squelettes d'animaux qui, depuis si longtemps, blanchissent à l'air dans les pampas de Buenos-Ayres; enfin, faut-il le dire, les champs de bataille eux-mêmes ont été l'objet d'une exploitation industrielle qui a eu pour effet la fécondation extrêmement remarquable de contrées entières. En Angleterre, la culture des turneps et, par suite, l'élevage des bestiaux en ont grandement profité. En France, d'excellents résultats ont pu être obtenus également, bien que par des traitements différents de l'os employé. Avant d'aller plus loin, établissons par quelques chiffres la composition des os, sur laquelle un récent mémoire de M. Frémy jette une nouvelle lumière.

Débarrassé du périoste, de la moëlle et de la graisse, un os sec a fourni :

Cartilage	32,25
Vaisseaux	1,01
Phosphate de chaux basique	52,26
Phosphate de magnésie	1,05
Chlorure de calcium	1,00
Carbonate de chaux	10,21
Soude	0,92
Chlorure de sodium	0,25
Oxydes de fer et de manganèse, perte	1,05
	100,00

En résumé, l'os dépourvu de graisse renferme 52 % de phosphate de chaux. Les analyses de MM. Payen et Boussingault prouvent, d'autre part, qu'il contient 7 % d'azote.

Les os renferment donc du phosphate calcaire uni très-intimement à des substances organiques azotées. A ce titre, leur décomposition dans le sol doit être caractérisée par une série d'actions qui ont pour effet de rendre l'azote et l'acide phosphorique qu'ils contiennent assimilables par les plantes. C'est ce qu'on observe, en effet, alors surtout qu'on opère avec des os suffisamment divisés et débarrassés des substances grasses qui les préserveraient du contact si utile des principes dissolvants du sol (1).

L'assimilation, toutefois, n'a lieu que lentement, en raison de la cohésion du tissu mixte de l'os.

Tels qn'on les rencontre dans le commerce, les os renferment, d'après M. Anderson :

	OS.		
	Entiers.	Concassés.	En poudre.
Eau	14,98	10,00	10,39
Matière organique	37,04	41,88	42,60
Phosphate de chaux	48,07	48,12	47,01
	100,00	100,00	100,00

Je crois devoir appeler également votre attention sur les richesses en principes minéraux des os de diverses classes d'animaux. Les chiffres suivants en sont l'expression :

(1) On peut consulter, au sujet de l'utilisation des os en agriculture, la Notice sur les animaux morts, de M. Payen, et le Guide de la fabrication économique des engrais, de M. Rohart.

NOMS DES OS.	CENDRES pour CENT.	PHOSPHATE de CHAUX.	PHOSPHATE de MAGNÉSIE.	CARBONATE de CHAUX.
Chienne..... femur.	62,1	59,0	1,2	6,1
Veau mort-né. *Id.*	61,5	60,5	1,2	»
Vache adulte. *Id.*	70,7	»	»	»
Vieille vache.. *Id.*	71,3	62,5	2,7	7,9
Bœuf...... humerus.	70,4	61,4	1,7	8,6
Mouton...... femur.	70,0	62,9	1,3	7,7
Cachalot...........	62,9	51,9	0,5	10,6
Aigle..............	70,5	60,6	1,7	8,4
Dindon.............	67,7	63,8	1,2	5,6
Morue..............	61,3	55,1	1,3	7,0
Carpe..............	61,4	58,1	1,1	4,7

L'influence fâcheuse des matières grasses considérées comme obstacle à la décomposition des os a été démontrée à diverses reprises. Des os secs, en effet, qui avaient été exposés à l'influence de l'air pendant plusieurs mois, présentaient une masse peu active comme engrais, et dans les pores de laquelle la graisse avait intimement pénétré le tissu et enveloppé les sels calcaires. Ces os mis en terre n'avaient perdu au bout de quatre années que 8 centièmes de leur poids, tandis que des os récents, privés par l'eau bouillante de la presque totalité de leur graisse, perdaient 20 à 30 centièmes. Ces chiffres démontrent la différence d'action des deux engrais. La perte, en effet, signifie solubilité, et solubilité veut dire ici fécondité.

Les vastes pampas de l'Amérique du Sud contiennent, Messieurs, des masses énormes d'os de ruminants qui, depuis des temps considérables, sont abandonnés sur le sol. Ces os doivent nous offrir et nous offrent, en effet, tous les degrés d'altération de la matière organique grasse ou azotée. Depuis qu'il en arrive des chargements dans les ports anglais, à Bordeaux et à Nantes, on a pu constater que souvent leur matière organique a été en partie *brûlée* par l'oxygène atmosphérique. Il y a enfin des cas où la matière organique détruite a été remplacée par des substances minérales siliceuses, de telle sorte que l'os renferme jusqu'à 15 % de résidu insoluble dans les acides. Ces os, source précieuse de phosphate de chaux, sont généralement carbonisés ou divisés à l'aide de moulins appropriés, et traités enfin par des réactifs qui les désagrègent. Ils constituent, en tout cas, une source précieuse d'acide phosphorique que l'industrie moderne ne pouvait négliger.

Je dois mentionner aussi, Messieurs, l'introduction en France de *cendres d'os* provenant des mêmes localités et dans lesquelles il faut nécessairement s'attendre à rencontrer des substances siliceuses en assez forte proportion. Un chargement de ces cendres expédié de Montevideo m'a fourni les chiffres suivants :

Charbon et matière organique.......	3
Résidu siliceux....................	21
Phosphate de chaux et de magnésie..	66
Carbonate de chaux, etc...........	10
	100

Il est presque superflu de vous faire remarquer que dans des produits de cette sorte, la valeur commerciale *pour le fabricant d'engrais* est presque déterminée par la dose de phosphate. *Pour l'agriculteur, il en serait autrement.* Cette cendre d'os serait, par exemple, moins apte à la condensation des gaz dissolvants ou nutritifs du sol que du charbon d'os, dont les cellules calcaires seraient uniformément tapissées de carbone divisé, amorphe et possédant un pouvoir énorme d'absorption.

Sur les points où les mammifères marins donnent lieu à des opérations de pêche importantes, il y aurait lieu de faire des recherches d'ossements. M. Eudes Deslongchamps écrivait en effet, il y a un an à peine, à M. Elie de Beaumont, qu'on lui avait rapporté, du détroit de Magellan, de gros fragments très-compacts d'os roulés, dont toute la plage était couverte. Le timonier d'un navire ancré en cet endroit descendit à terre et fut très-surpris de trouver le rivage parsemé de véritables galets osseux. Ces os provenaient de carnassiers amphibies, phoques, morses, etc. Dans beaucoup de contrées lointaines, il doit exister des dépôts de phosphates analogues, évidemment destinés à rentrer tôt ou tard dans les cultures de la vieille Europe.

Les tourteaux obtenus à l'aide des débris de poissons pressés peuvent aussi donner, sur les lieux de pêche, des aliments importants à l'industrie des phosphates assimilables. A Terre-Neuve, en Angleterre et à Concarneau, on avait, il y a quelques années, réalisé cette pensée. L'*engrais poisson* qui en résultait renfermait 18, 29 et 54 % de phosphate de chaux; 11, 8 et 4 % d'azote, selon qu'on opérait sur des chairs, des résidus de morue ou des os de poissons pulvérisés. Cette industrie, organisée sur une vaste échelle, a malheureusement cessé de fonctionner. Toutefois, pratiquée sur une échelle restreinte, elle permet encore dans plusieurs localités de fournir au sol des phosphates extraits de la mer; et toutes les fois que les conditions de transport et d'achat ne seront pas trop onéreuses, la fabrication des engrais de poissons sera évidemment continuée.

En vous parlant, il y a quelques instants, Messieurs, des

cendres d'os de la Plata et du Brésil, je vous disais que ces engrais convenaient certes moins à la fertilisation des terres avides d'acide phosphorique que les os carbonisés. En voici la preuve. A côté des médiocres effets souvent constatés après l'emploi de la cendre d'os dans des landes à réaction acide, on a obtenu des résultats incomparablement supérieurs à l'aide d'un noir d'os ainsi composé :

Charbon	6,5
Silice	1,4
Phosphate de chaux et de magnésie.	83,4
Carbonate de chaux, etc	8,7
	100,0

Cette substance provenait de la carbonisation effectuée, sur mon avis, des résidus osseux de l'extraction de la gélatine. Ces résidus renfermaient avant la carbonisation :

Matière organique	18,8
Silice	0,8
Phosphate de chaux et de magnésie.	76,4
Sels solubles dans l'eau	0,8
Carbonate de chaux, etc	3,2
	100,0

Azote, 14 millièmes.

Par la carbonisation, la matière était devenue plus propre que jamais à condenser les acides du sol. Il devenait possible, d'autre part, de lui faire absorber, sous forme de sang, bouillons gélatineux, etc., une forte proportion d'azote très assimilable. En résumé, l'expérience effectuée dans les défrichements depuis plusieurs années, a prouvé que le phosphate de chaux ainsi offert à la végétation réalisait d'excellentes conditions de fertilité.

Il faut voir, Messieurs, dans cet ensemble de faits, une nouvelle preuve de l'influence énorme de l'état physique sur la *valeur réelle* des engrais. Tout azoté qu'il soit, l'os est moins actif, en effet, que les produits de sa désagrégation. Les circonstances de texture dans lesquelles le place la carbonisation de son tissu organique, ont un immense avantage, *malgré* la déperdition d'azote qui caractérise cette opération. M. du Jonchay, qui a fait, dans l'Allier, de très grandes expériences sur l'emploi des os, n'a jamais constaté qu'une carbonisation partielle ait affaibli l'action de l'engrais. Il est évident d'ailleurs que si l'on restitue à la substance *devenue poreuse et absorbante*, une certaine dose de combinaison azotée facilement décomposable, on réalise les meilleures conditions pour l'engrais fabriqué.

Il y a longtemps déjà, Messieurs, que les précieuses propriétés du noir animal sont connues dans la Loire-Inférieure et en Bretagne, mais depuis quelques années seulement on a reconnu que le noir d'os vierge, ainsi que le noir d'os chargé de principes azotés et sucrés qu'on dénomme *résidu de raffinerie*, peuvent être l'un et l'autre excellents, selon qu'on approprie leur emploi à la nature du sol. J'ai démontré naguères (1) que sous un nom général on avait trop longtemps confondu les noirs d'os, très chargés de matière organique fermentescible, et les noirs surtout riches en *phosphate poreux et carboné* qui, dans des sols chargés de matières végétales à réactions acides, produisent de très belles récoltes et permettent d'engréner très favorablement la délicate opération du défrichement. Ces distinctions radicales sont désormais confirmées par les errements de la fabrication.

Je n'ai point, Messieurs, l'intention de développer devant

(1) Annales de Chimie et de Physique, 3e série. — Août 185[illegible].

vous l'exposition des faits qui établissent l'action du noir animal dans les terrains argilo-schisteux. Une telle étude nous entraînerait trop loin. J'ai eu l'honneur de l'entreprendre, il y a quatre ans, dans le cours communal auquel assistaient peut-être quelques-uns d'entre vous (1). A cette époque, j'établissais l'importance énorme de cet engrais, en soumettant les chiffres qui expriment son introduction sur le marché de Nantes. Je puis donner aujourd'hui à cet égard quelques nouveaux documents dont l'importance économique ne vous échappera certainement pas.

Voici les quantités de noir animal que la navigation au long-cours et le cabotage ont importé à Nantes depuis 1850 :

1850..................	15,001,976	kilog.
1851..................	17,096,818	
1852..................	16,899,662	
1853..................	16,893,561	
1854..................	16,416,551	
1855..................	12,252,755	
1856..................	16,179,181	
1857..................	15,867,000	

Soit, par année................	15,825,938	kilog.
Or, la production locale est de....	2,500,000	
Il arrive par chemin de fer.......	3,000,000	
C'est donc par.................	21,325,938	kilog.

que se traduit, depuis 1850, l'introduction annuelle du noir animal sur le marché de Nantes.

Si on admet que cette masse d'engrais représente en moyenne un hectolitre pour 90 kilogrammes, on arrive à 236,954 hectolitres qui, au prix moyen des huit dernières

(1) Le Noir Animal. — Analyse. Emploi. Vente. — 2e édition.

années — soit 17 francs, — représentent 4,028,218 francs. Vous voyez, Messieurs, que si, à ce chiffre, on ajoutait celui des guanos naturels et artificiels, on arriverait à un total qui dépasserait notablement les 5 millions que je mentionnais, il y a quelques années, dans mes statistiques annuelles de ce commerce. Or, ici remarquez bien qu'il s'agit surtout d'engrais riches en phosphate de chaux.

Supputez maintenant, Messieurs, les masses de poudrettes fabriquées dans le département ou apportées de Noirmoutier. Ajoutez ici les produits d'équarrissage, les engrais de poissons, les charrées; ajoutez enfin à cette masse de substances fertilisantes les 250,000 hectolitres de tourbe tamisée que nous expédie chaque année le syndicat de Montoir, et vous comprendrez que, sous leur humble apparence, les questions d'engrais puissent être en Bretagne l'objet des études les plus intéressantes.

Je lis dans un rapport adressé, par M. le préfet des Côtes-du-Nord, au Conseil Général, que par les canaux et les ports de ce département, il a été introduit pour la consommation locale :

En 1852..........	1,853,000 kil.	de noir animal.
1853..........	6,659,000	—
1854..........	5,809,000	—
1855..........	5,712,000	—

Selon le même document, l'importance des ventes aurait été exprimée par les chiffres :

279,000 fr.	pour................	1852
998,000	—	1853
874,000	—	1854
860,000	—	1855

En 1856, le chiffre de un million a dû être obtenu.

Si on possédait des statistiques analogues pour tous les départements dont le sol comporte l'emploi du phosphate de chaux sous forme d'engrais, et pour la Bretagne en particulier où le défrichement réclame des substances fertilisantes en proportion exceptionnelle, on comprendrait peut-être mieux les conditions vitales de l'agriculture. C'est quelque chose certainement pour le cultivateur que de connaître un assollement et de posséder des instruments aratoires perfectionnés; mais tant qu'il ne dispose que d'un maigre fumier et que le vent de la lande voisine fait onduler ses moissons, il ne lui est pas permis de regarder sa tâche comme accomplie. En pareil cas, ne pas avancer, c'est reculer.

CINQUIÈME LEÇON.

Division des os en Allemagne. — Méthodes anglaises. — Moulins employés à Thiers. Emploi des procédés chimiques. — Superphosphate de chaux. — Théorie de l'acidification des os. — Les plantes n'absorbent pas le biphosphate de chaux. — Les superphosphates ne sont pas nécessaires dans les défrichements des sols de transition. Expériences faites en Angleterre sur le superphosphate de chaux. — Composition de quelques variétés commerciales de superphosphate anglais. — Les phosphates fossiles soumis à l'acidification. — Certains guanos peuvent être considérés comme des phosphates. — Guano de l'Ile-aux-Moines.

MESSIEURS,

J'ai commencé, dans notre dernière réunion, l'examen des phosphates osseux ; mais, à cet égard, je suis loin d'avoir tout dit.

L'importance de tels engrais ne vous a point échappé, et pour qu'on en introduise 50 millions de kilogrammes par année en Angleterre, il faut évidemment que leur action sur les plantes soit énergique. En Allemagne, on n'a pas méconnu leurs avantages. Le rapport de M. Barral au jury mixte de l'Exposition Universelle de Paris, nous apprend que dans l'usine de MM. Fichter et fils, à Atzgersdorf, près Vienne, les os d'abattoir sont soumis à l'action de la vapeur sous l'influence d'une haute pression. Cette méthode, brevetée en Allemagne, rend la friabilité de l'os assez grande. Avant l'emploi de ce moyen, la pulvérisation de l'os demandait des machines très coûteuses, composées de cylindres broyeurs aciérés ; maintenant, des meules semblables à celles des moulins d'huileries, suffisent pour opérer la division des os. Les liquides des chaudières sont employés pour la fabrication d'engrais azotés

Les moulins à pulvériser les os sont très nombreux en Angleterre. A Hull (comté d'York) et dans les euvirons de Londres, on en compte un grand nombre qui peuvent broyer jusqu'à vingt mille kilogrammes de matière par jour.

Dans un rapport adressé à M. Dumas, sur quelques industries agricoles de l'Angleterre, M. Payen a donné, en 1850, quelques détails intéressants sur les modifications qu'éprouvent les os dans cette contrée, où il n'est pas rare de voir un fermier en consommer pour 15 ou 20 mille francs par an.

Les os peuvent être broyés : 1° par des *bocards*, espèces de pilons munis inférieurement de marteaux en fonte ; 2° par des meules verticales en fonte ou en granit, du poids de 2 à 3000 kilogrammes ; 3° enfin par des machines à cylindre en fonte dure, armées de dents qui tournent en sens contraire avec des vîtesses différentes. La machine écossaise d'Anderson, construite sur ce principe, peut broyer par heure environ 1,500 kilog. d'os bruts.

Voici comment on opère dans la fabrique de M. Hunter : j'emprunte le récit de cette opération au rapport de M. Payen :

« Les os sont apportés dans une trémie, au fond de laquelle se trouvent deux cylindres dont l'un est formé de sept grands disques de vingt-cinq centimètres de diamètre, épais, dentelés, séparés les uns des autres par des disques de quinze centimètres de diamètre.

» L'autre cylindre présente six grands disques séparés de même par des disques d'un diamètre plus petit, de telle manière que les grands disques de l'un des cylindres pénètrent dans les intervalles compris entre les grands disques de l'autre.

» Les os engagés ainsi dans des *porte-à-faux* se brisent

assez facilement. Si les os sont frais on les jette dans une chaudière chauffée par la vapeur et à demi-pleine d'eau à + 100 °.

» La matière grasse, liquéfiée, s'échappe des cellules qui la renferment et vient surnager, tandis que les os tombent au fond.

» On peut en retirer ainsi environ 5 % de graisse que l'on emploie dans l'usine même à la fabrication du savon.

» Les fragments d'os obtenus sont mêlés avec d'autres os *secs*, brisés de la même manière, et on les réduit en plus petits fragments en les faisant passer entre des cylindres plus rapprochés. On sépare ensuite à l'aide d'un blutoir cylindrique en tôle de fer percée, les plus gros morceaux pour les broyer de nouveau.

» Chez M. Hunter, une machine de huit chevaux suffit au broyage de 7,500 kilogrammes d'os par jour, et une partie de la force de cette machine est utilisée pour d'autres opérations. »

Comme vous le voyez, Messieurs, ces machines sont dispendieuses et la modification des os, sous l'influence de la vapeur à haute pression, permettrait, ainsi que je l'ai mentionné tout-à-l'heure, d'en simplifier généralement les dispositions.

Constatons, du reste, qu'en France — à Thiers — et dans plusieurs localités du Puy-de-Dôme où l'agriculture utilise avec beaucoup d'àpropos les débris de la fabrication des manches de couteaux, on emploie pour diviser cet engrais, une petite machine bien simple. C'est une espèce de râpe tournante contre laquelle on presse les os dans une trémie doublée en forte tôle ou en plaques de fonte. La pression s'exerce au moyen de leviers. On obtient ainsi une pulpe comparable à de la sciure de bois grossière.

Quelque soit au surplus le procédé physique employé pour rendre plus rapidement assimilables les os bruts carbonisés ou calcinés, il ne peut qu'atténuer, sans les détruire, certaines conditions de résistance aux affinités chimiques du sol, qui sont propres à la molécule même du phosphate osseux.

On a demandé à la chimie des moyens plus efficaces, et, comme toujours, la chimie est intervenue fort utilement.

On a dû, tout d'abord, faire appel à des observations depuis longtemps acquises à la science et constater que, soit sous l'influence des eaux atmosphériques chargées d'acide carbonique, soit pendant la fabrication de la gélatine au moyen de l'acide chlorhydrique, le phosphate de chaux peut être enlevé au tissu osseux, abandonner la substance azotée à laquelle il est uni dans le squelette, et entrer dès lors en dissolution. Il ne s'agissait plus que de réaliser en grand le même phénomène de dissolution, et c'est précisément ce qu'on a fait, mais en substituant l'acide sulfurique à l'acide chlorhydrique des fabricants de gélatine.

En **1843**, le duc de Richemond fit des essais de transformation du phosphate osseux au moyen de l'acide sulfurique. Modifiées et répétées, sur une très-grande échelle, ces tentatives prouvèrent que sur certains sols, où les os n'agissent que lentement, le *superphosphate donne d'excellentes récoltes*. Que se passe-t-il sous l'influence de l'acide sulfurique ? Nous allons l'examiner.

L'acide attaque tout d'abord le carbonate de chaux de l'os, met l'acide carbonique en liberté et forme du plâtre (sulfate de chaux), qui se précipite. Mais le phosphate des os est également attaqué, l'acide sulfurique se combine avec une portion de sa chaux. De là, formation nouvelle de plâ e.D'autrep art, l'acide phosphorique, séparé ainsi de la chaux à laquelle il était uni, concourt à la formation d'un groupe nouveau. C'est le *phosphate acide* de chaux dont je vous parlais dans notre dernière conférence, et que l'on appelle très-improprement *perphosphate* ou ***super-phosphate*** de chaux, pour exprimer qu'il contient une dose maxima d'acide phosphorique. Or, à cette dose maxima sont intimement liées des conditions très-importantes de solubilité.

M. Lawes de Rothamsted qui fabrique le *superphosphate* sur une grande échelle, déclarait, il y a quelques mois, que l'emploi de cet engrais avait été, pour l'Angleterre, le commencement d'une ère agricole nouvelle. La culture des turneps y a puisé des éléments énormes de fécondité.

Cet industriel ajoute *que l'acidification permet de rendre utiles dans certains sols, où les os n'agissaient que très-peu, des phosphates désormais transformés.* Rappelez-vous, Messieurs, que je vous ai signalé la réaction acide de certaines landes comme cause de transformation de phosphates inertes dans des terrains calcaires. Il y a dans ces faits une frappante et significative analogie.

Il est un autre fait, Messieurs, sur lequel tous les bons esprits sont d'accord. Lorsqu'on confie au sol du bisphosphate de chaux, on n'a pas pour but de mettre à la disposition de la plante une dissolution propre à l'assimilation immédiate. Par son acidité, cette dissolution serait corrossive et mortelle aux organes délicats du végétal. Il est évident, au contraire, qu'elle subit promptement dans la terre d'importantes modifications chimiques. L'acide phosphorique en excès s'unit aux bases terreuses ou alcalines, et le *phosphate des os* régénéré se précipite sous forme gélatineuse. Or, sous cette forme, il se répartit très-facilement. *L'acide carbonique, les sels ammoniacaux, les combinaisons salines diverses le dissolvent.* Que dis-je? *Non seulement elles le dissolvent*.

mais elles le transforment. Des échanges de bases s'effectuent, des réactions multiples et mystérieuses interviennent, et bientôt les phosphates de potasse, de magnésie et de chaux nous apparaissent comme partie intégrante du végétal. Ce végétal *n'a donc pas absorbé de biphosphate de chaux*, mais le biphosphate obtenu sous l'influence d'un procédé industriel a été l'une des combinaisons les plus favorables à la migration de la molécule d'acide phosphorique, qui, pour la plupart des cultures, doit nécessairement abandonner sa base pour en saturer de nouvelles.

Pour le défrichement de nos landes de Bretagne, et, en général, Messieurs, pour la mise en culture de nos terrains argilo-schisteux à réaction acide, et dont les propriétés dissolvantes pour les phosphates vous sont bien connues, les superphosphates ne sont pas nécessaires, ils n'auraient donc pour nous qu'une médiocre importance, si à la théorie de leur fabrication et de leur emploi, ne se rattachait étroitement l'explication de faits généraux observés dans l'emploi de tous les engrais à base de phosphates.

Dans un sol peu fertile et où il voulait comparer l'action des os acidifiés et des os à l'état de poudre, M. Augustin Wœlcker, professeur au collége agricole de Cirencester, a fait quelques expériences sur la culture du navet. Voici les résultats obtenus par cet expérimentateur :

Engrais.	Produit par hectare.
Pas d'engrais	13,000 kil.
Poudre d'os	22,000
Poudrette	23,000
Superphosphate	34,021

Les expériences faites par M. Lawes lui ont fourni quelques résultats que je veux aussi vous soumettre.

En fumant à l'aide du superphosphate uni à des matières azotées, M. Lawes a obtenu huit récoltes de turneps représentant 78 tonnes de produits, tandis que la même terre, non imprégnée d'engrais, nen avait rendu que 24 tonnes.

Le turneps ayant été introduit tous les quatre ans dans un assolement, M. Lawes a également obtenu :

Terre sans engrais.......	1848	—	9 tonnes.
Id..............	1852	—	1
Superphosphate de chaux.	1848	—	18
Id..............	1852	—	13

Voici maintenant l'influence du superphosphate de chaux dans la culture de l'orge pendant une période de quatre années :

	Terre sans engrais.		Superphosphate seul.		Superphosphate et sels ammoniacaux.
	Boisseaux par acre.		Boisseaux par acre.		Boisseaux par acre.
1852......	27,1	—	28,1	—	38,2
1853......	25,5	—	33,3	—	40
1854......	33,0	—	40,2	—	60,2
1855......	31,0	—	36,0	—	47,5

L'influence de l'acide phosphorique et de l'azote sont ici tellement manifestes, que les chiffres par lesquels elle est exprimée dispensent de tout commentaire.

C'est en vue d'arriver à une utile association de l'azote et de l'acide phosphorique ; c'est aussi pour obtenir la précipitation du phosphate basique à l'état gélatineux, que les fabricants anglais, après avoir fait agir l'acide sulfurique sur les os, ajoutent à la masse, des sels ammoniacaux, des matières animales, puis des cendres, de la sciure de bois, du poussier de charbon, de la terre sèche, ou même du noir animal.

M. Thompson, professeur de chimie à l'Ecole de médecine de Bristol ; M. Way, conseiller chimiste de la Société royale de Londres ; M. Nesbit et quelques autres praticiens très exercés, aux avis desquels l'agriculture de nos voisins doit des améliorations nombreuses, ont écrit d'excellents articles sur les modifications dont le phosphate de chaux basique est l'objet. Pour nous, Messieurs, qui avons lieu de nous fier à la nature toute spéciale de nos sols de transition et de leur couche végétale primitive lorsqu'il s'agit de l'assimilation des phosphates, ces documents n'ont qu'une importance relative. Je me bornerai, en ce qui concerne les *superphosphates*, à mettre sous vos yeux quelques analyses de types commerciaux exécutées par M. Way :

Superphosphate de chaux. — Qualité supérieure.

	1.	2.	3.
Humidité	14,71	9,66	3,75
Matière organique et sels ammoniacaux	10,18	14,50	21,35
Biphosphate de chaux (soluble)	18,50	14,34	15,45
Phosphate basique de chaux (insoluble)	6,35	15,72	1,12
Sable	9,98	2,83	9,72
Sulfate de chaux hydraté	36,63	36,12	40,04
Sels alcalins	3,65	6,83	8,57
	100,00	100,00	100,00

Superphosphate de chaux. — Qualité inférieure.

	1.	2.	3.
Humidité	11,58	11,83	9,18
Matière organique et sels ammoniacaux	8,33	5,21	8,60
Biphosphate de chaux (soluble)	1,61	2,58	2,90
Phosphate basique de chaux (insoluble)	23,45	0,06	18,79
Sable	6,41	5,07	7,41
Sulfate de chaux hydraté	26,64	74,98	50,08
Sels alcalins	21,98	0,27	3,04
	100,00	100,00	100,00

Et s'il vous semble étrange, Messieurs, que de tels engrais puissent être le résultat du traitement des os par l'acide sulfurique, j'ajouterai que les os d'équarissage et de boucherie ne sont pas les seuls éléments de cette industrie des superphosphates, dont l'importance s'accroît chaque jour en Angleterre. Les os fossiles, en effet, des débris nombreux de races éteintes, des minerais même de phosphates cristallins, provenant de la Norvège, sont chaque jour acidifiés puis mélangés à des sels ammoniacaux, à des cendres, etc., de telle sorte que les différences de composition peuvent naturellement s'expliquer en pareil cas. A la vérité, la fraude y est souvent pour quelque chose.

Vous devez facilement comprendre, Messieurs, que le développement immense de l'industrie du *superphosphate* en Angleterre ait été une prime offerte à l'importation dans ce pays du phosphate de chaux. Cela explique comment les prairies de l'Amérique du Sud, où chaque année l'on abat cinq millions de bœufs ou de vaches pour en avoir la peau, ont tout d'abord fourni leur apport de phosphates à nos voisins. Puis sont venus les os fossiles, les curieux excréments d'animaux antédiluviens, désignés sous le nom de *coprolithes*, les concrétions analogues dites *pseudo-coprolithes*, puis encore les *apatites* de Norvège, utilisées sur une grande échelle par M. Lawes, et enfin celles de l'Espagne, dont on s'est borné, jusqu'à ce jour, à expérimenter les propriétés.

Ainsi, au moment où l'on semblait manquer d'acide phosphorique, et ou l'on profanait les champs de bataille pour en disputer les ossements aux influences dissolvantes de l'air et du sol, la géologie, aidée de la chimie, démontrait qu'il s'agit bien plutôt de transporter et de modifier des phosphates que de s'inquiéter de leur abondance sur notre globe. Telle contrée recèle assez de phosphate de chaux cristallin pour construire des villes entières; telle autre possède un sous-sol dont il ne s'agit que de fouiller les profondeurs pour en retirer les débris phosphatés de races animales éteintes.

Mais, sans anticiper, Messieurs, sur ce que j'aurai prochainement à vous dire au sujet de ces immenses amas de phosphates offerts à l'activité productrice de notre époque, qu'il me soit permis de vous en signaler quelques uns dont l'industrie exploite déjà la richesse.

Parmi les guanos livrés à l'agriculture, il en est, vous le savez, qui se distinguent par leur richesse en principes ammoniacaux. Ceux du Pérou, qui renferment de 12 à 17 % d'azote, sont dans ce cas. Il en est d'autres, au contraire, comme le guano de Bolivie, qui ne renferment que quelques millièmes d'azote; et dans lesquels le phosphate de chaux est fort abondant. Signaler ces derniers types, c'est dire que, comme phosphates propres au défrichement ou comme éléments de fabrication pour le super-phosphate, ils ne sauraient être négligés. J'en dirai autant d'un curieux gisement récemment découvert dans l'Ile-aux-Moines de la mer des Caraïbes, et dont la moyenne m'a fourni :

Matière organique azotée	7,60
Résidu siliceux insoluble	2,00
Sulfate de chaux	8,32
Phosphate de chaux et de magnésie	70,00
Sels alcalins	1,88
Carbonate de chaux } Carbonate de magnésie }	10,20
	100,00

L'azote contenu dans 100 parties de cette substance

désignée à New-York comme *guano phosphatique*, ne s'élevait qu'à 43 dix-millièmes.

M. Malaguti a remarqué, de son côté, que dans cette curieuse substance, qui a la dureté de la pierre, l'extérieur n'a pas la composition du centre. Ainsi, la masse reposant sur le schiste, ayant été analysée avec soin, a fourni 70 centièmes de phosphate à la surface, 74 centièmes au centre et 75 centièmes à la partie inférieure.

Nous n'avons pas encore terminé, Messieurs, l'examen des sources d'acide phosphorique auxquelles l'industrie agricole emprunte ses moyens actuels de fertilisation. L'exploitation des os fossiles, des *coprolithes* et des concrétions phospatées analogues doivent être, désormais, l'objet de notre attention. Dans une prochaine réunion, nous aborderons cet intéressant sujet, mis en lumière il y a quelques mois à peine avec tant de science et d'autorité par M. Elie de Beaumont.

SIXIÈME LEÇON.

Fossilisation. — Certaines couches du globe sont les ossuaires de générations innombrables. — Os fossiles des Pampas. — Analyse de calcaires phosphatés de France. — Gisement d'os fossiles en Angleterre. — Importance de leur exploitation. Analyses d'os fossiles. — Consommation en 1814 de gélatine alimentaire provenant d'os antédiluviens. — Découverte des coprolithes. — Animaux dont ils proviennent. Coprolithes et pseudo-coprolithes. — Caractères des vrais coprolithes.

Messieurs,

L'utilité agricole des débris osseux de l'animal vous est démontrée. Il nous importe de rechercher désormais quelles transformations peuvent subir ces débris lorsque, par leur séjour dans le sol, ils éprouvent les influences de la *fossilisation*.

D'accord en cela avec les maîtres de la science, je désignerai par *fossilisation* le phénomène qui se rattache aux *changements* par lesquels un corps, jadis vivant, a passé d'une époque à d'autres époques, en laissant dans les couches terrestres des traces impérissables de sa forme caractéristique.

Ce qu'il faut mentionner à cet égard, c'est que, pour qu'un corps soit susceptible de laisser dans les couches du sol des traces durables de son existence, il ne suffit pas que sa dureté et sa consistance lui permettent de résister à l'action mécanique des milieux environnants et de conserver ainsi sa forme jusqu'à ce que la consolidation soit opérée dans les sédiments où il se trouve enfoui ; il faut encore que sa composition chimique soit telle qu'il puisse en même temps échapper à la décomposition organique et que la dissolution de chacune de ses parties ne soit pas immédiate après sa mort. Cette loi générale admise, nous pouvons aborder l'examen des faits intéressants pour l'agriculture, auxquels la fossilisation a donné lieu.

Il y a des couches considérables de l'écorce du globe qui sont constituées par les enveloppes solides d'animaux inférieurs. Formées par les dépouilles d'innombrables générations, ces couches sont exploitées aujourd'hui soit comme amendements utilisés pour l'amélioration des cultures, soit même comme des matériaux de construction. Dans 45 grammes environ d'une pierre des montagnes de Casciana, en Toscane, Soldani a recueilli dix mille quatre cent cinquante-quatre coquilles cloisonnées microscopiques. Quatre ou cinq cents de ces coquilles ne pesaient que $0^{g},054$, et parmi ces espèces il en est une dont mille individus atteindraient à peine ce poids!

Les tripolis d'origine sédimentaire sont quelquefois complètement formés d'animaux infusoires à carapace siliceuse, comme, par exemple, ceux de Bilin, en Bohême. M. Ehrenberg a calculé que 27 millimètres cubes de tripoli de cette localité pouvaient contenir jusqu'à 41 millions de ces infusoires à test siliceux!

Il existe en Auvergne des surfaces immenses de terrain où les couches de gravier, de sable, d'argile et de calcaire se sont entassées à une profondeur de 250 mètres environ. Or, le caractère foliacé des marnes de cette formation est dû à la dépouille de myriades de *cypris* qui donnent à la substance marneuse la propriété de se diviser en feuillets aussi minces que du papier.

Dans l'ardoise oolithique de Stonesfield, prés d'Oxford, un seul lit de schiste calcaire et sablonneux de 1^{m} 90 d'épaisseur environ offre un mélange confus de plantes et d'animaux terrestres avec des coquilles marines.

Faut-il, Messieurs, citer d'autres exemples. Je pourrais vous montrer quelques-unes des pyramides de l'Egypte, construites avec un calcaire rempli de ***nummulites;*** d'immenses carrières des environs de Paris, formées par des ***millioles*** — petites coquilles dont la grosseur n'excède pas celle d'un grain de millet. En rassemblant les nombreux témoignages matériels d'existences éteintes, il me serait facile de vous prouver que les ossements fossiles des animaux supérieurs n'ont pas une aussi grande importance industrielle et agricole que les débris d'animaux inférieurs dont la statistique effraie l'imagination la plus hardie; mais arrêtons-nous sur la pente où nous entraîneraient de telles études, bien faites pour éveiller les méditations du philosophe et du technologiste. Constatons cependant, avec Buckland, que s'il est une chose digne d'étonnement c'est que le genre humain soit demeuré pendant tant de siècles dans l'ignorance de ce fait maintenant complètement démontré, qu'une portion considérable de la surface actuelle du globe a été formée par les débris des animaux dont les anciennes mers étaient peuplées. Il existe — ajoute le même auteur — de vastes plaines et d'énormes montagnes qui ne sont pour ainsi dire que les charniers (1) immenses des précédentes générations, où les débris pétrifiés des animaux et des végétaux éteints se sont amoncelés pour former de merveilleux monuments. Ces monuments nous attestent le travail de la vie et de la mort durant des périodes d'une énorme étendue.

Cuvier, appréciant ces curieux phénomènes naturels avec son immense génie, déclare « qu'à la vue d'un spectacle si imposant, si terrible même — celui des débris de la vie formant presque tout le sol sur lequel portent nos pas, — il est bien difficile de retenir son imagination sur les causes qui ont pu produire de si grands effets (2). »

(1) Ou plutôt les ossuaires. — A. B.

(2) Rapport sur les progrès des Sciences Naturelles, in-8°, 1810, page 196.

Si, de ces considérations générales et grandioses, nous descendons aux applications toutes spéciales dont l'examen doit être avant tout l'objet de nos réunions, nous trouverons un ensemble de faits bien dignes d'éveiller une légitime curiosité.

Ce n'est pas seulement aux actions physiques et chimiques ayant eu pour effet la désagrégation des roches phosphatées cristallines, que les terres doivent le phosphate assimilable dont l'analyse aussi bien que la végétation nous révèlent la présence. Dans certaines couches du sol, en effet, il y a de véritables ossuaires où se trouvent réunis en amas confus des os dispersés et des fragments brisés de squelettes d'animaux. Or, quelle que soit la période géologique pendant laquelle ces os ont été ensevelis, que les animaux dont ils proviennent aient été antérieurs à l'existence de l'homme ou contemporains de son existence, il n'en est pas moins vrai que de tels gisements méritent d'être étudiés avec soin au point de vue des intérêts de l'agriculture.

M. Alcide d'Orbigny (1) a observé à côté de l'immense chaîne des Andes, l'amas considérable d'os fossiles de Buenos-Ayres formé sur une surface d'environ *quatre-vingt-quinze mille kilomètres carrés de superficie* de limon rougeâtre enveloppant tantôt des squelettes entiers, tantôt des os séparés de mammifères. Pour ce géologue, il y a dans une telle accumulation la preuve que des perturbations géologiques seules ont pu déterminer l'anéantissement de races animales qu'un charriage pur et simple, sous l'action des affluents terrestres, expliquerait difficilement.

Quoiqu'il en soit, considérez, Messieurs, le spectacle frappant, pour l'économiste, de ces pampas dont l'herbe est couverte par les ossements d'animaux modernes, et dont les profondeurs recèlent les débris phosphatés de générations lointaines. Os récents, os modifiés par la fossilisation,

(1) *Géologie de l'Amérique méridionale*, pag. 72 . 81.

tout cela doit rentrer au même titre dans le torrent de la circulation organique : vous n'en doutez plus.

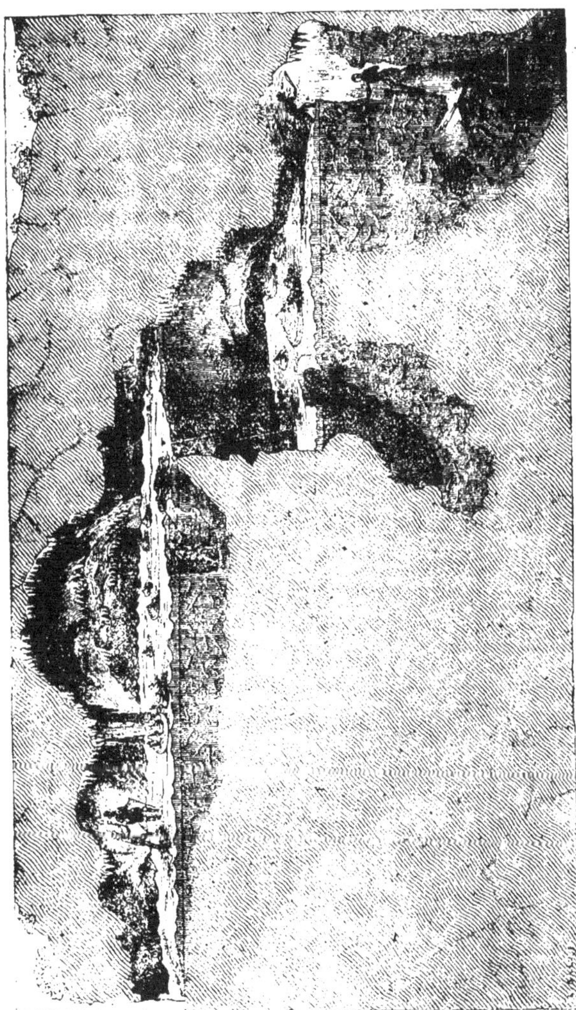

Caverne de Gailenreuth, en Franconie.

Lorsque la découverte de débris fossiles ne conduit qu'à la constatation de quantités minimes d'acide phosphorique, elle a encore son intérêt, son utilité incontestable ; en voici une preuve entre autres :

M. Guillemin, ingénieur des mines dans le département de l'Allier, mentionnait en avril 1857 (1), que dans les localités de Noyant, de Messarges, de Souvigny, de Gypey et de Mellier, il existe à la partie supérieure des terrains houillers, des couches d'un calcaire gris compacte alternant avec des schistes argileux et bitumineux. Or, ce calcaire est rempli de débris d'animaux : dents, os, écailles, et il donne à l'analyse :

	CALCAIRE de Souvigny.	CALCAIRE de Messarges
Carbonate de chaux......	62,00	76,05
Phosphate de chaux.....	3,55	7,50
Carbonate de fer........	3,45	8,80
Silex et argile..........	30,00	7,05
Bitume................	1,00	0,60
	100,00	100.00

La chaux qu'on obtiendrait de ces calcaires contiendrait donc 5 et 12 centièmes de phosphate de chaux. Or, si vous avez encore présentes à la pensée les données générales sur lesquelles je me suis appesanti dans les premières conférences de ce cours, au sujet de certains terrains fertiles, vous vous expliquerez facilement, Messieurs, que les recherches géologiques et chimiques puissent ouvrir à l'agriculture des horizons immenses.

(1) *Journal d'Agriculture pratique*, 4e série, tome VII, pag. 334.

Dans ses savantes études, destinées à vulgariser les notions relatives à l'existence de l'acide phosphorique à l'état de gisement, M. Elie de Beaumont a résumé avec soin les nombreuses recherches effectuées en Angleterre pour mettre les os fossiles à la portée de l'agriculture. Ce savant géologue a successivement retracé les tentatives faites pour extraire du *crag* de Suffolk et de Norfolk des ossements d'animaux antidiluviens.

Le *crag* supérieur de Suffolk renferme des ossements d'éléphant fossile, de rhinocéros, de bœuf, etc. On les trouve mélangés avec du sable et du gravier à 70 ou 80 centimètres de profondeur. M. Wiggins annonçait, en 1848, qu'on avait déjà extrait plus de 300 tonnes de ces matières destinées à la fabrication du superphosphate de chaux.

En 1822, dit M. Elie de Beaumont, MM. Buckland et Conybeare avaient signalé dans les petites falaises qui bordent le canal de Bristol à Aust-Cliff, près l'embouchure de l'Avon, une couche de *lias* inférieure tellement riche en débris d'icthyosaurus et d'autres grands sauriens, qu'elle constitue un véritable conglomérat ossifère. Vous voyez, Messieurs, que les ossements peuvent exister sous forme de couches. C'est ce qu'en Angleterre on nomme *bone-bed*.

Le professeur Buckland a également trouvé des ossements fossiles d'hyènes et autres animaux dans le sol du Yorkshire. Depuis cette époque on a fouillé avec le plus grand soin tous les amas analogues, et M. Thompson, de Bristol, constatait, en 1851, que des centaines d'ouvriers étaient chaque jour occupés à extraire des os fossiles et des matières phosphatées qui s'en rapprochent, sur les côtes de Suffolk, de Norfolk et d'Essex. « Le produit de quelques arpents en os fossiles, dit aussi M. Thompson, a quelquefois égalé la valeur d'un petit domaine. »

L'importance agricole des os fossiles étant démontrée par les faits, nous devons nous occuper de leur composition.

Les échantillons des carrières d'os du voisinage de Sutton (Suffolk) sont tantôt spongieux et friables, tantôt fibreux et résistants. Ces derniers peuvent prendre assez promptement un beau poli et leur porosité n'est appréciable qu'au microscope. Leur analyse fournit les chiffres suivants :

	1.	2.
Eau extraite de 150° à 170° cent.	3,361	2,912
Eau et matières organiques volatilisées à la température rouge	4,351	3,361
Carbonate de chaux	27,400	26,800
Carbonate de magnésie	0,371	0,286
Sulfate de chaux	0,514	Traces
Phosphate de chaux uni à un peu de phosphate de magnésie	49,632	56,966
Phosphate de fer	6,600	4,800
Phosphate d'alumine	3,400	4,638
Fluorure de calcium	3,617	Indéterminé
Acide silicique	0,626	0,098
	99,872	99,861
Azote sur 100 parties	0,1244	Indéterminé

Trois autres échantillons, provenant des mêmes localités et destinés à la pulvérisation puis à la transformation en superphosphate, ont fourni 58, 61 et 62 centièmes de phosphate de chaux basique. L'azote négligé pour le premier échantillon, a été dosé dans les deux autres. Sa quantité était de 0,0838 et 0,0482 pour cent parties.

En général, on a constaté, en Angleterre, que les phosphates et le fluorure de calcium sont plus abondants dans les os durs que dans ceux dont la contexture est spongieuse.

Voici enfin quelques analyses d'os fossiles effectuées par M. Fremy :

NOMS DES OS.	MATIÈRE ORGANIQUE.	PHOSPHATE DE CHAUX.	PHOSPHATE DE MAGNÉSIE.	CARBONATE DE CHAUX.	Matière siliceuse et Fluorure de calcium.
Bœuf fossile des cavernes d'Oreston.	10,3	71,1	1,5	11,8	»
— (partie spongieuse)....	8,0	63,3	1,2	5,2	17,2
Rhinocéros fossile de Sansan (Gers).	Traces.	59,0	»	41,3	2,6
Hyène fossile des cavernes de Kirkdale	20,0	72,0	1,3	4,7	»
Rhinocéros fossile (dents).........	»	65,2	0,7	13,8	14,5
Mastodonte fossile (défense).......	»	56,5	0,7	13,1	24,3
Ours fossile (partie dense).......	»	59,7	0,4	23,6	9,8
— (partie spongieuse)...	»	23,1	1,2	67,5	14,9
Tortue fossile (vertèbres)........	»	61,1	0,7	10,6	18,6

L'examen de ces résultats prouve, Messieurs, que dans un os fossile, le tissu organique a été plus ou moins détruit et remplacé par diverses matières minérales distinctes, selon les terrains au sein desquels la fossilisation s'est opérée. La portion subsistante de ce tissu a toutefois conservé ses propriétés caractéristiques ordinaires, et il peut, comme l'osseine fraîche, se transformer facilement en gélatine.

A ce sujet, permettez-moi, Messieurs, de vous raconter une anecdote. Il s'agit d'un fait mentionné par M. Payen, et qui prouve la conservation de la substance organique dans le tissu osseux, malgré des influences destructives longtemps prolongées. M. de Gimbernat, ayant traité par l'acide chlorhydrique faible des fragments d'os fossiles du *mammouth de l'Ohio et de l'éléphant de Sibérie*, parvint à en extraire la substance animale qu'il transforma ensuite en gélatine. Cette gélatine tout à fait semblable à celle qu'on eut extrait des os frais de boucherie, fut servie sur la table du préfet du Bas-Rhin. Cela se passait en 1814. Ainsi, une matière animale organisée avant le Déluge, servait à la nourriture de nos contemporains !.. Je rappellerai à cette occasion, que les os d'hommes et d'animaux tirés des pyramides d'Egypte, renferment encore, après trois mille ans, tout le tissu cellulaire qui leur est propre, et je vous ferai remarquer, Messieurs, pour en terminer avec ces considérations générales sur la fossilisation, que par la nature des substances déposées dans le tissu de l'os ou substituées à sa propre substance, le géologue et le chimiste trouvent des indices du terrain ou se sont effectuées les transformations qu'ils étudient.

Mais la science, Messieurs, ne s'est pas bornée à éclairer l'industrie et l'agriculture sur les gisements de phosphates provenant de l'enfouissement des os; elle a fait plus, et il appartenait à la géologie en particulier de démontrer encore une fois la sublime prévoyance de la nature, qui tient en réserve, pour les besoins de l'humanité des trésors

Ichthyosaurus communis.

inappréciables. A côté des débris fossiles de ces gigantesques reptiles — l'*ichthyosaurus* et le ***plesiosaurus*** (1) —

(1) Il y a tant d'espèces de *sauriens* fossiles, que nous ne pouvons qu'en choisir quelques-uns des plus remarquables pour faire connaître quelles conditions dominaient l'animalité à cette époque où la classe des reptiles occupait le sommet de l'échelle animale, atteignant souvent des dimensions *dont rien n'approche parmi les divers ordres actuels*, et qui semblent caractériser le *moyen âge* de la chronologie géologique qui sépare les formations de transition des formations tertiaires.— Buckland. *La Géologie et la Minéralogie dans leurs rapports avec la Théologie naturelle.*

que M. Buckland a si bien étudiés dans les dépôts voisins de la série secondaire du globe, ce savant géologue a dé-

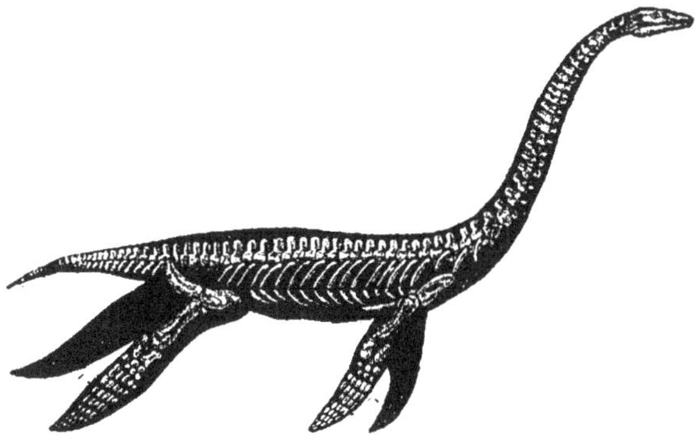

Plesiosaurus dolichodeirus.

couvert, en effet, de véritables excréments fossiles riches en phosphate de chaux. Sous le nom de *coprolithes*, ils sont aujourd'hui assez bien connus pour qu'il me soit possible d'appeler votre attention sur leur structure et leur composition chimique.

Je dois toutefois, Messieurs, faire ici une réserve. On a souvent confondu et on confond encore, sous le nom générique de coprolithes, des masses noirâtres trouvées dans des couches et dans des conditions identiques, mais dont l'origine n'est pas cependant toujours la même. De là les noms de *coprolithes* — véritables excréments fossiles, — et de *pseudo-coprolithes* — masses phosphatées d'origine évidemment organique, mais ayant subi des modifications souvent nombreuses avant d'affecter la forme des *nodules* et que nous trouvons fréquemment aujourd'hui. — Examinons tout d'abord les coprolithes proprement dits :

C'est en 1822 qne M. Buckland, en explorant la caverne de Kirkdale, dans le Yorkshire, où il découvrit de nombreux ossements fossiles, y trouva aussi des excréments d'hyènes parfaitement reconnaissables et dans lesquels abondait le phosphate de chaux, ainsi que cela est naturel pour les animaux dont la nourriture se compose en partie des ossements qu'ils rongent (1).

Quelque temps après, le 6 février 1829, M. Buckland fit connaître la découverte qu'il avait également faite de nombreux coprolithes — *fossil fæces* — provenant du lias du Lyme-regis (Dorsetshire), et la description donnée par ce savant (2) permettait non-seulement de connaître par l'analyse chimique l'origine de la substance coprolithique, mais encore d'étudier, de spécifier même, en raison de ses formes, le volume et l'intestin des reptiles qui l'avaient produite.

J'avoue, Messieurs, que le mémoire si intéressant de M. Buckland, que j'ai en ce moment sous les yeux, rend ma tâche difficile. Je voudrais pouvoir vous relater mille détails cités par ce savant, et je sens néanmoins qu'il me faut borner cette exposition à des données générales. Je laisserai parler M. Buckland lui-même; voici ce qu'il dit des coprolithes :

« Au milieu des variations de leur volume et de la multiplicité de leurs formes, les coprolithes offrent l'apparence générale de cailloux oblongs ou de pommes de terre réniformes; leur longueur est ordinairement de deux à quatre pouces, et leur diamètre de un à deux. On en trouve, mais en petit nombre, qui sont beaucoup plus grands et en proportion avec la taille gigantesque des plus grands icthyosaures; il y en a de plus petits, qui

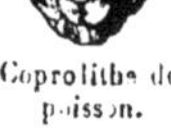

Coprolithe de poisson.

(1) Buckland. *Reliquiæ Diluvianæ*, 1823.

(2) Buckland. *Transactions de la Société Géologique de Londres*, 1829, vol. III, pag. 224.

offrent les mêmes rapports avec de jeunes individus de la même espèce et avec des poissons de petite taille ; leur couleur ordinaire est le gris cendré parfois mêlé de noir ; d'autre fois, ils sont entièrement noirs. Leur substance offre une texture terreuse, compacte, pareille à celle de l'argile durcie ; et leur cassure est conchoïdale et luisante. La coupe de ces excréments arrondis fait voir qu'ils ont été moulés en une lame aplatie et contournée en spirale du centre à la circonférence. Leur extérieur offre la trace des rides et des impressions les plus légères qu'ils ont dû recevoir alors qu'ils étaient à l'état plastique dans les intestins des animaux vivants.

» Les coprolithes contiennent en abondance, et dispersés irrégulièrement, des écailles et souvent des dents et des os de poissons, qui ont traversé, sans être détruits par la digestion, le tube intestinal tout entier des sauriens, de la même manière que l'émail des dents et certains fragments d'os, qui n'ont pu être digérés, se retrouvent dans les excréments des hyènes, soit à l'état récent, soit à l'état fossile. »

Et plus loin :

« L'origine de ces fossiles singuliers est suffisamment établie par la fréquence avec laquelle on les rencontre dans la région abdominale des squelettes fossiles d'ichthyosaures. Un échantillon, donné par le vicomte Cole à la collection géologique de l'université d'Oxford, offre une preuve sans réplique que les coprolithes ne peuvent être considérés comme des matières étrangères accidentellement mises en contact avec les corps organisés fossiles, puisque cette grande masse coprolithique est complétement enfermée dans la cavité que forment la colonne vertébrale et les deux séries droite et gauche des côtes, dont le plus grand nombre a conservé, à peu de chose près, sa position naturelle.

» Dans ces faits, dit en terminant M. Buckland, nous avons rencontré des témoignages qui nous permettent d'affirmer la présence d'arrangements pleins d'utilité et d'admirables compensations jusque dans les organes si périssables, mais en même temps si importants, qui concourent à opérer les fonctions digestives. Nous avons pu reconnaître avec certitude la nature de leurs aliments, la forme et la structure de leur canal intestinal ; nous avons pu dessiner leur tube digestif dans les trois formes successives qu'il subit d'une extrémité à l'autre de sa longueur : d'abord, estomac volumineux et prolongé ; puis, ileum aplati et contourné en spirale, jusqu'à ce qu'il se termine en un cloaque d'où les coprolithes tombaient dans la vase qui donna naissance au lias. Là, ils sont demeurés ensevelis pendant des siècles sans nombre, jusqu'à ce que la main des géologues ait été les arracher aux profondeurs où ils étaient enfouis, pour les appeler à rendre témoignage des événements qui se sont accomplis au fond des mers primitives durant les longues périodes antérieures à l'avénement de l'homme sur la terre. »

Je dois mentionner également, Messieurs, que les coprolithes des diverses classes d'animaux ne diffèrent pas seulement par leur forme, ils ont aussi des compositions chimiques distinctes. Il y a, sous ce dernier rapport, une très notable différence entre les coprolithes des mammifères, ceux des oiseaux et ceux des reptiles. En les comparant entre eux, on reconnaît que les coprolithes des mammifères diffèrent peu de ceux des poissons. Dans les coprolithes de reptiles, la quantité de phosphate et de carbonate calcaire paraît moindre. Enfin, les coprolithes d'oiseaux sont caractérisés par l'acide urique (1).

(1) Alcide d'Orbigny. *Paléontologie*

Ai-je besoin d'ajouter que ces coprolithes, dans lesquels on rencontre des proportions de phosphate de chaux qui dépassent 60 centièmes, constituent une matière utilisable en agriculture? C'est presque une superfétation. Nous les voyons, en effet, convertis chaque jour, par nos voisins, en superphosphate et concourant à apporter dans les cultures du XIX° siècle de véritables poudrettes empruntées aux animaux qui existaient avant l'apparition de l'homme sur la terre. Il y a toute une révélation de la haute portée des études géologiques dans la simple relation de ces faits intéressants.

SEPTIÈME LEÇON.

Formation des pseudo-coprolithes. — Identité des nodules de phosphate sur les deux rives de la Manche. — Analogie des nodules avec les coprolithes. — Conditions géologiques de gisement des nodules en France. — Zônes où on doit les rechercher. — Prix de revient. — problèmes soulevés par l'exploitation des nodules.

Messieurs,

Admettez pour un instant que des détritus animaux accumulés sous les influences des perturbations géologiques, aient été soumis à des actions décomposantes ; admettez aussi que l'acide carbonique et des véhicules analogues ayant réagi sur les phosphates enfouis, ceux-ci aient cheminé dans les couches du sol en obéissant à l'action de courants divers, il pourra arriver qu'en présence de cette dissolution de phosphates acides, des masses calcaires interviennent avec leurs affinités spéciales. La chaux de ces calcaires se combinant avec l'acide phosphorique, une véritable précipitation de phosphate basique pourra avoir lieu. Le groupement alternatif de la chaux sous forme de carbonate et de phosphate basique, motivera une conversion pseudomorphique, de telle sorte que la constitution des nodules phosphatés deviendra facile à interpréter. Telle est du moins l'hypothèse admise par Buckland au sujet des pseudo-coprolithes qui, déplacés après leur formation, ont pu, selon cet auteur, être accumulés par myriades au fond des mers basses où se trouve actuellement la côte de Suffolk. Là, dit ce savant géologue, ils furent longtemps roulés et confondus avec les os de grands mammifères et de poissons, et avec les coquillages de mollusques. Du fond de ces mers, ils furent enfin soulevés et formèrent les terres sèches qui bordent les côtes de Suffolk. Si les pseudo-coprolithes ont un aspect qui rappelle celui des matières roulées, vous voyez, que tout s'unit pour l'expliquer parfaitement.

Si j'ajoute, Messieurs, qu'en présence de l'oxyde de fer le phosphate calcaire dissous dans l'acide carbonique passe facilement à l'état de phosphate de fer, l'association des phosphates de chaux et de fer dans les terrains tertiaires n'aura pas lieu de vous surprendre. Cette association a été constatée la première fois sur une grande échelle, près de Wissant, dans le Pas-de-Calais, par MM. Longchamp et Berthier.

Examinant avec attention les rognons noirâtres qui abondent près du cap La Hève, on reconnut bientôt leur identité avec les nodules de la côte de Surrey. Des observations dues à MM. Fitton, Dufrenoy, Meugy, Delanoue, Nesbit contribuèrent à mettre ce fait en évidence. Le docteur Fitton en particulier, dans son travail sur les couches inférieures de craie, ne laissa aucun doute sur l'existence des nodules phosphatés dans les terrains formant sur ce point les deux rives de la Manche.

Bien que différentes des *coprolithes*, les masses phosphatées, dont il est ici question, ont cependant des caractères qui les rapprochent des excréments pétrifiés, et qui servent à accuser d'une manière indiscutable leur origine organique. Comme les coprolithes, elles sont azotées ; comme eux elles exhalent une odeur *sui generis* par le frottement ou le contact des réactifs acides ou alcalins. Enfin leur richesse en phosphates les classe, au point de vue de l'industrie agricole, à côté de ces curieux excréments qui, sous le nom de *fossil-fæces*, furent l'objet des savantes recherches de Buckland.

A la pointe sud-est de l'Angleterre, dit M. Elie de Beaumont (1), à l'extrémité occidentale des roches de craie blanchâtre auxquelles la Grande-Bretagne doit son antique nom d'*Albion*, les couches argileuses du *gault* affleurent à Folkstone, sur la rive septentrionale du Pas-de-Calais, et se prolongent vers le Nord-Ouest, dans la direction du comté de Kent. Dans toutes les couches qui sont de la même nature que celles du Havre et de Wissant, dans toute la bande enfin de terrain crétacé inférieur qui commence à Wissant, sur le bord du Pas-de-Calais, et qui va se terminer à la côte de la Manche, un peu au midi de Boulogne, les remarques de MM. Fitton, Berthier, Sens, etc., permirent de reconnaître la présence des nodules de phosphate et la similitude de leurs caractères. A la vérité, ces constatations n'avaient alors qu'un intérêt scientifique, et, sur la puissance des gisements de nodules, les convictions étaient loin d'être assises en France.

En mars 1848, M. Austen (2) établit d'une manière générale qu'aux environs de Guildford les nodules de phosphate de chaux sont répandus en grand nombre dans le grès vert supérieur, mais qu'ils sont généralement petits dans les couches les plus élevées.

En résumé, les recherches scientifiques effectuées sur le mode de gisement des nodules permirent de reconnaître que ces matières précieuses appartiennent *à trois assises différentes du terrain crétacé inférieur*.

C'est un point sur lequel j'appelle, Messieurs, votre sérieuse attention.

« Dans ces trois assises du terrain crétacé inférieur, —

(1) Etude sur l'utilité agricole et sur les gisements géologiques du phosphore page 25.

(2) Quarterly journal of the Geological Society, t. IV, 1re partie, page 258.

et je rapporte ici les paroles de M. Elie de Beaumont, — les nodules de phosphate de chaux sont les compagnons fidèles des grains verts de silicate de protoxyde de fer désignés vulgairement par les géologues sous le nom de *chlorite* ou de *glauconie*. Si on admet, ce qui n'a rien d'improbable, que les nodules de phosphate de chaux doivent continuer à accompagner ailleurs encore les grains verts glauconiens, on sera fondé à les rechercher en France dans une zône fort étendue, c'est-à-dire dans la plus grande partie de la zône du terrain crétacé inférieur, coloriée en vert sur la carte gèologique de la France et désignée par la lettre accentuée C'. » (Août 1856.)

En se bornant à la France septentrionale, la zône signalée par M. Elie de Beaumont, du département du Nord s'étend, à travers ceux de l'Aisne, des Ardennes et de la Marne, où elle se recourbe vers le sud-ouest, pour traverser ensuite les départements de l'Aube, de l'Yonne, du Cher, du Loir-et-Cher, de l'Indre et de la Vienne, et atteindre celui d'Indre-et-Loire. Dans ce dernier, elle se dilate et se recourbe de nouveau pour se diriger vers le Nord, à travers les départements de Maine-et-Loire, de la Sarthe, de l'Orne et du Calvados, où elle se termine sur la côte de la Manche, en face du cap la Hève.

Il nous suffira, Messieurs, de suivre cet itinéraire sur le tableau d'assemblage des belles cartes géologiques de MM. Dufrénoy et Elie de Beaumont, pour comprendre tout à la fois et la direction topographique à donner aux recherches des nodules de phosphate, et l'explication de certains faits inhérents aux succès ou à l'inutilité relative des engrais riches en acide phosphorique.

M. Elie de Beaumont fait observer enfin — et il vous sera aisé, Messieurs, de vous convaincre de la réalité de ses assertions en consultant la carte géologique — que le terrain crétacé inférieur se montre encore formant des espèces d'îlots dans les départements de la Seine-Inférieure et de l'Oise, savoir : à Rouen même et dans le pays de Bray, qui s'étend de Neufchâtel à Beauvais. « Je ne doute pas, dit cet éminent géologue, tant l'analogie des couches est frappante, qu'on ne trouve du phosphate de chaux en un grand nombre de points de la zône dont le contour vient d'être indiqué. » La pratique devait donner raison à ces vues théoriques inspirées par une connaissance approfondie des terrains.

Le 29 décembre 1856, dans un mémoire adressé à l'Académie des Sciences, MM. Demolon et Thurneyssen annonçaient qu'ils avaient réalisé l'application industrielle des idées générales émises par les géologues et les ingénieurs des mines, et ils décrivaient les gites réguliers et commercialement exploitables de nodules de phosphates dont ils étaient parvenus à déterminer l'importance. Voici les principaux faits consignés dans ce mémoire :

Un premier examen sommaire, qui embrassa trente-neuf départements, augmenta d'abord, dans une proportion très-considérable, le nombre des indices qui pouvaient servir à établir l'existence de gîtes réguliers. Ces départements sont : l'Oise, la Seine-Inférieure, le Calvados, l'Eure, l'Orne, l'Eure-et-Loir, la Sarthe, le Maine-et-Loire, la Loire-Inférieure, l'Indre-et-Loire, la Vienne, la Vendée, la Charente-Inférieure, la Charente, la Dordogne, le Lot, l'Aude, l'Hérault, le Gard, les Bouches-du-Rhône, le Var, Vaucluse, les Basses-Alpes, la Drôme, l'Isère, le Cher, l'Indre, la Nièvre, l'Yonne, l'Aube, la Haute-Marne, la Côte-d'Or, la Marne, la Meuse, les Ardennes, l'Aisne, le Nord, le Pas-de-Calais et la Somme.

Comme vous le voyez, Messieurs, ces départements appartiennent, pour la plus grande partie, à la formation *crétacée*.

La falaise du Havre à Fécamp, le pourtour du Bray (Fresles, Saint-Sulpice, Oniard, Saint-Martin-le-Nœud, Tuilerie de Trépié), la falaise de Wissant et tout le pourtour du mamelon jurassique du Boulonnais (Leubringhem, moulin de Fernaville, environs d'Hardinghem et de Fiennes, glaisière des tuileries de Colembert, glaisières des tuileries de Brunembert, glaisières et sablières des poteries de Desvres, glaisières du Breuil, glaisières de Menty et chemins voisins, environs de Verlinctun, environs de Pelinctun, environs de Nesles, plusieurs chemins longeant ou coupant le chemin de fer de Paris à Boulogne, près de Neufchâtel, et champs voisins); les environs d'Anappes et de Lezennes (Nord); les environs de Novion-Porcien, de Marcheromenil, de Saulces-aux-Bois, d'Ecordal, de Savigny, de Saint-Morel; les Minières d'Echaude, de Grand-Pré, de Chevières, de Marcq et d'Apremont (Ardennes); les environs de Vienne-le-Château et de Sermaize (Marne); les environs de Montblainville, de Varennes, de Neuvilly, d'Aubreville, de Lochères, de Clermont-en-Argonne; de Rarecourt, à la tuilerie neuve établie près de ce village, de Waly de Foucancourt, de Triancourt, de Senard, de Vaubecourt, de Villotte, le Loupie-le-Château et de Gros-Termes (Meuse); les environs de Baudon-Villiers, de Valecourt, de Moëlains et de Louze (Haute-Marne); les environs de Dieuville et de Gérodot, la tranchée de Montiéramay, près Lisigny, la ferme de Saint-Martin, la glaisière des tuileries de Montchevreuil (Aube), les environs de Saint-Florentin et de Toucy (Yonne), fournirent de nombreux échantillons.

Un second examen plus approfondi et appliqué seulement à onze des déparments énumérés plus haut (Seine-Inférieure, Oise, Pas-de-Calais, Nord, Aisne, Ardennes, Meuse, Marne, Haute-Marne, Aube et Yonne), une observation plus attentive des circonstances de gisement dans lesquelles se trouvaient placés les divers indices reconnus, firent voir que des liens de continuité existaient entre eux ; de nombreux sondages et des fouilles multipliées, exécutés dans le voisinage des lignes d'affleurement, confirmèrent constamment ce fait et mirent hors de doute l'existence de gîtes réguliers.

Ces gîtes appartiennent tous à la formation crétacée, et font partie du bassin anglo-parisien, dont le centre est à Paris et les bords à Honfleur, Argentan, Alençon, Le Mans, La Flèche, Angers, Loudun, Châtellerault, Melun, Sancerre, Auxerre, Bar-sur-Seine, Saint-Dizier, Clermont-en-Argonne, Vouziers, Rethel, Rosoy et Aubenton (1).

Selon les auteurs du mémoire que j'analyse, lorsque la roche encaissante est solide, la chaux phosphatée s'y présente en nodules disséminés et empâtés dans la masse. La grosseur de ces nodules varie entre celle d'une noisette et celle d'un œuf d'autruche (terrain néocomien, craie chloritée, craie marneuse, craie blanche).

Lorsque la roche encaissante est meuble, la chaux phosphatée s'y présente en nodules indépendants, et constitue sous cette forme des lits réguliers, dont l'épaisseur varie entre 10 et 35 centimètres (sables verts inférieurs, sables verts supérieurs).

Le lit régulier du sable vert inférieur se montre au jour sur une très-grande étendue. En suivant de l'Est à l'Ouest le bord septentrional du bassin crétacé anglo-parisien, on voit ce lit affleurer, d'abord sur le pourtour de l'îlot jurassique du Boulonnais, dans les communes de Wissant, de Leubringhem, d'Hardinghem, de Colembert, de Brunembert, de Lottinghem, de Vieil-Moutier, de Desvres, de

(1) Demolon et Thurneyssen *Comptes rendus de l'Académie des Sciences*.

Longuefosse, de Vierre-au-Bois, de Tingry, de Verlincthun, de Nesles, de Neufchâtel et jusqu'aux bords de la mer.

Des fouilles nombreuses, pratiquées sur toute l'étendue de cette ligne, ont démontré que le lit existe à une petite profondeur au-dessous du banc de l'argile du gault et lui est *constamment subordonné.*

En quittant l'îlot du Boulonnais pour reprendre le bord principal du bassin, on voit reparaître le lit de nodules phosphatés avec le gault, d'abord vers la limite orientale du département de l'Aisne, à Vassigny; puis de là on le suit, presque sans interruption, à travers les départements des Ardennes, de la Meuse, de la Marne, de la Haute-Marne, de l'Aube et de l'Yonne, jusqu'à 12 kilomètres environ au sud d'Auxerre. Au-delà, et sur tout le bord méridional et occidental du bassin, on ne trouve plus que la craie tuffau et chloritée.

La ligne d'affleurement ci-dessus indiquée n'a pas moins de 300 *kilomètres de longueur,* avec des largeurs variables entre 500 et 3,000 mètres. Le lit de nodules phosphatés y est exploitable, sans beaucoup de frais, sur un très-grand nombre de points, notamment dans toute la traversée du Boulonnais, depuis Wissant jusqu'à Neufchâtel; dans la majeure partie de la traversée des Ardennes, de Novion-Porcien à Marcq et au-delà, dans les cantons de Varennes, de Clermont, de Triancourt et de Vaubecourt (Meuse), dans le canton de Sermaise (Marne), dans le canton de Saint-Dizier (Haute-Marne).

Le lit du sable vert supérieur, parallèle au premier, ne se montre au jour que sur un petit nombre de points : dans le Boulonnais, on le voit aux environs de Wissant; dans les Ardennes, on le retrouve dans les minières du canton de Grand-Pré, notamment dans celle de la Grande-Décombre, près Marcq.

Les nodules disséminés dans la craie chloritée occupent de très-grandes étendues dans la falaise de la Seine-Inférieure, dans le Bray, dans le Boulonnais, dans l'Aisne, dans les Ardennes, la Meuse, la Marne, etc.; mais ces nodules ne pouvant s'isoler économiquement de la roche qui les empâte, leur exploitation, dans leurs conditions normales de gisement, ne saurait être fructueuse, la roche ne contenant, en moyenne, que 5 à 7 pour cent de phosphate de chaux.

Mais lorsque cette roche forme la surface du sol, et que, par une longue exposition à l'action des agents atmosphériques, elle se trouve désagrégée et réduite à l'état de sable, les nodules, rendus libres, s'accumulent alors à la surface et deviennent, en cet état, très-facilement exploitables. C'est dans ces conditions qu'on les trouve dans une partie des cantons de Novion Porcien, d'Attigny, de Vouziers, de Monthois et de Grand-Pré (Ardennes); de Varennes, de Clermont-en-Angone, de Triancourt et de Vaubecourt (Meuse); de Vienne-le-Château et de Sermaize (Marne), où l'on n'a que la peine de les ramasser.

Enfin, les nodules rencontrés dans la craie marneuse et dans la craie blanche, dans le Bray (Seine-Inférieure et Seine-et-Oise), dans les carrières de Lezennes (Nord) et lieux circonvoisins, dans les environs de Rethel (Ardennes), occupent aussi des espaces considérables; mais comme ils forment au plus le cinquième de la roche encaissante, ils ne paraissent pas jusqu'à présent plus fructueusement exploitables que les craies chloritées en roches.

Dans la carte que je mets sous vos yeux, j'ai indiqué par des zônes pointillées les gisements de phosphate de chaux, signalés par MM. Demolon et Thurneyssen. Comme vous pouvez le remarquer, j'ai pris soin de rendre le rapprochement des points proportionnel à l'importance industrielle des gisements. D'autre part, la teinte rose de cette carte indique les régions de la France qui, par leur origine géologique, comportent l'emploi des engrais riches en acide phosphorique.

Les nodules recueillis pendant ces recherches, ont été analysés dans mon laboratoire et à l'Ecole Normale. Ils m'ont fourni de 32 à 70 % de phosphate. J'ai calculé qu'ils renfermaient une quantité moyenne de 48 % de phosphate basique de chaux. Bientôt j'aurai à vous entretenir de leurs caractères chimiques et physiques.

Il ne faut pas oublier, Messieurs, qu'à l'époque ou cette communication était faite à l'Académie des Sciences, le noir atteignait le prix de 20 à 26 fr. l'hectolitre de 90 à 95 kilogrammes ; les os bruts avaient monté de 9 fr. 50 à 18 fr. 50 et 19 fr. les 100 kilogrammes. Les défrichements s'accomplissaient nə Bretagne et en Sologne avec une ardeur motivée par les hauts prix des céréales. Enfin, les excellents effets des engrais phosphatés dans les sols incultes des terrains argilo-schisteux étaient vulgarisés sur une très-large échelle. L'agriculture, les industries qui s'y rattachent, le commerce lui-même devaient donc accueillir avec une vive émotion des publications destinées à mettre en lumière les richesses nouvelles du sol. Il y avait là, comme je l'ai dit quelque part, une question nationale. Nous allons, Messieurs, pour l'apprécier d'une manière sérieuse, entrer plus avant dans l'examen des détails qui s'y rattachent. Abordons tout d'abord le point de vue commercial.

Il y a quelques jours à peine, des renseignements que j'ai tout lieu de regarder comme exacts, établissaient que des nodules extraits sur un des points de la zône fortement pointillée de la carte ci-jointe, comportaient pour 100 kilogrammes, les prix suivants :

Extraction, lavage, pulvérisation et bénéfice du vendeur..........F.	3	25
Transport sur Ivry (en gare)..................	2	25
Transport sur Nantes........................	0	85
Prix des 100 kilog. en gare à Nantes.........F.	8	35

C'est du phosphate pur à 17 centimes le kilogramme; or, on peut espérer et on doit désirer un abaissement de ce prix en raison dès cours actuels des produits osseux. Dans un *guide* très-consciencieux de la fabrication des engrais, M. Rohart indique an surplus des *prix de revient* qui permettent de considérer les prix des nodules comme susceptibles d'être suffisamment abaissés, pour que l'agriculture les utilise sur une vaste échelle. Voici les chiffres que M. Rohart extrait d'une lettre de Vouzier (août 1857) :

Localité de Grand-Pré.

Extraction du mètre cube y compris l'indemnité de terrain aux propriétaires..................F.	9	»
Lavage par mètre cube.......................	2	»
Transport à Vouziers........................	7	50
Ensemble..........F.	18	50

Localité d'Apremont et Varennes.

Extraction du mètre cube et indemnité aux propriétaires..........................F.	8	»
Lavage..................................	3	»
Transport à Vouziers........................	12	»
Ensemble..........F.	23	»

Le poids du mètre cube est de 1,500 kilogrammes en moyenne.

Le prix du transport de Vouziers à Paris est de 10 fr. par 1,000 kilog.

A Vouziers, ajoute la lettre reproduite par M. Rohart, les entrepreneurs de Grand-Pré et des environs vendaient le mètre cube, rendu sur place, 27 et 28 fr.; ceux d'Apremont, Varennes et environs, 30 à 32 fr.

En résumé, Grand-Pré, Apremont et Varennes donnaient une moyenne de 20 fr. 75 par mètre cube de 1,500 kilogrammes, soit par 1,000 kilog.........F. 13 83

Transport de Vouziers à Paris................. 10 »

Débarquement à la Villette, chargement sur voitures et déchargement.................. ... 0 75

Prix net par 1,000 kilog. rendus en magasin à la Villette..............................F. 24 58

La pulvérisation à l'aide d'une machine à vapeur et les frais généraux qu'elle entraîne peut être appréciée pour 15,000 kilog de nodules par vingt-quatre heure, et coûte 136 fr., ou 9 fr. 10 les 1,000 kilog.

On a donc en définitive pour le prix des nodules pulvérisés :

Prix d'achat et de transport ....F. 24 58

Frais de pulvérisation........................ 9 10

F. 33 68

ou 3 fr. 36 les 100 kilogrammes.

Ajoutez, Messieurs, si vous le voulez, 1 fr. pour frais de transport à Nantes, et vous voyez que le prix de revient peut encore laisser un légitime bénéfice au vendeur, tout en permettant à l'agriculture de recevoir un agent puissant de fertilisation.

A vrai dire, Messieurs, il est toujours difficile de citer

des prix qui ne soient pas discutables au lendemain même de leur constation pratique. C'est un des caractères de notre époque que le perfectionnement incessant des méthodes industrielles et, par suite, l'abaissement des frais de production. L'industrie du fer, du zinc, des produits chimiques nous en offre mille exemples, et nous pourrons — j'aime à l'espérer — en trouver de nouvelles preuves dans le développement des exploitations de phosphate de chaux. J'ai voulu cependant vous soumettre quelques chiffres. A mon sens, ils ont, en effet, la valeur d'un cannevas où les idées d'amélioration peuvent être mises en relief et utilement développées.

Je n'aurais point terminé, Messieurs, l'inventaire général des publications destinées à faire connaître les gisements de phosphate de chaux en France si je ne mentionnais une note adressée à l'Académie en décembre 1857, et dans laquelle un chimiste anglais, M. Nesbit, expose que, dès 1855, il avait signalé quatorze gisements de nodules exploitables. Ces gisements appartenaient, dit-il, à la formation crétacée du bas Boulonnais. Une commission nommée dans le sein de l'Institut doit apprécier les titres de priorité des divers auteurs dont je vous ai cité les noms. Ce qu'il nous importe à nous de constater c'est que la mise en exploitation des gisements de nodules est un fait immense qui soulève d'intéressantes questions de technologie. Quelle est, en effet, la composition exacte des pseudo-coprolithes? Sont-ils assimilables par les végétaux? S'ils ne le sont pas, comment peut-on les modifier? Telle est, Messieurs, la série de problèmes que l'heure avancée me permet seulement de poser aujourd'hui, et dont j'aborderai prochainement la discussion.

HUITIÈME LEÇON.

Caractères des pseudo-coprolithes. — Ils sont poreux. — Ils sont modifiés par l'air. — Leur composition chimique. — Leur solubilité dans l'acide carbonique. — Conditions nécessaires à l'essai de cette solubilité. — Rôle de l'acide carbonique dans l'assimilation des phosphates. — Action des substances salines du sol. — Essais de culture sous l'influence des nodules pulvérisés. — Conclusions. — Exemple donné par le Comité central agricole de Guingamp.

MESSIEURS,

Il importe de caractériser les pseudo-coprolithes par l'exposé de leurs propriétés physiques et chimiques. La connaissance de ces propriétés nous facilitera, en effet, l'intelligence des phénomènes auxquels ces précieux engrais pourront donner lieu sous les influences diverses du sol.

Les nodules en morceaux ont une densité moyenne représentée par 2,7. En recherchant cette densité, on s'aperçoit bientôt que les nodules sont très sensiblement poreux, donc *perméables aux liquides et aux gaz*. Ce fait a de l'importance. Quelques essais de la faculté d'imbibition de ces matières m'ont fourni les résultats suivants :

Poids des nodules.	Eau absorbée après deux heures de contact.
42gr20	0gr69
47,52	0,59
55,70	1,94
65,05	0,09
47,74	0,50
258gr21	3gr41

Ainsi 238g,21 de nodules, tels que le commerce les livre, c'est-à-dire avec 3 ou 5 % d'eau, avaient absorbé en deux heures 3g,41. Or, le volume des nodules était 87cc, celui de l'eau 3cc,41, ce qui donne une imbibition de 2,55 % pour des substances qu'un examen superficiel pouvait faire considérer comme imperméables.

Des nodules pulvérisés et non desséchés, ont été imbibés avec de l'eau ; ils en ont absorbé **de 64 à 70 %** de leur volume. Or, on sait que du sable siliceux bien sec absorbe 25 %, et les terres arables de 48 à 52 %. La porosité des nodules est donc un fait parfaitement démontré.

Les nodules sont-ils durs? Ici, Messieurs, permettez-moi de vous faire remarquer que dans le langage ordinaire on confond la *dureté* avec la *fragilité*. Il y a des substances dont la molécule est très dure, très refractaire aux agents de division ou de dissolution, mais dont la masse générale est cependant facile à écraser. Il y en a d'autres, par opposition, comme le jade, qui offrent, en masse, énormément de tenacité, et dont la dureté élémentaire est cependant minime : c'est le cas des pseudo-coprolithes. Pulvérisés, en effet, ils sont beaucoup plus accessibles à l'action de certains agents physiques ou chimiques de répartition que des apatites fragiles, à la vérité, mais dont le grain est cristallin. J'ajouterai que la silice, mélangée aux substances calcaires dans les nodules, peut communiquer à la masse certaines propriétés que le phosphate considéré isolément n'aurait certainement pas.

Ce qu'il faut également remarquer, c'est que les pseudo-coprolithes, en raison de leur texture amorphe et de l'interposition dans leur masse poreuse de substance organique azotée, doivent nécessairement subir à l'air des modifications sensibles.

Ce fait a été mis en évidence par un jeune et habile chimiste, M. Dehérain. Cet expérimentateur a observé que la poudre récemment obtenue des nodules renferme 2,5 à 6 % d'humidité, et n'abandonne que 0,25 à 0,26 % de phosphate terreux à l'acide acétique à 5 degrés ; tandis qu'après une exposition de trois mois à l'air, cette poudre contient 17,6 % d'eau, et abandonne à l'acide acétique à 5 degrés Baumé de 5 à 5,2 % de phosphates de chaux et de magnésie. De telles modifications sont dues évidemment à la porosité, à la texture amorphe et à la présence de petites proportions de substance organique dans la masse.

Ces questions, relatives à la constitution physique des pseudo-coprolithes, nous amènent insensiblement à aborder le point de vue chimique de leur histoire. Voici leur composition moyenne :

	Numéro 1.	Numéro 2.
Eau et matière organique	7,200	9,210
Chlorure de sodium et sulfate de soude	traces.	traces.
Carbonate de chaux	18,814	5,176
Carbonate de magnésie	0,855	2,016
Sulfate de chaux	traces.	1,161
Phosphate basique de chaux	51,018	45,815
Phosphate de magnésie	traces.	traces.
Phosphate de fer	8,902	12,476
Phosphate d'alumine	2,700	6,387
Oxyde de manganèse	0,057	0,267
Fluorure de calcium	3,161	2,688
Alumine, oxyde de fer, acide silicique et perte	7,593	14,804
	100,000	100,000

Plusieurs analyses effectuées sur la poudre de nodules séchée à 110 degrés, m'ont fourni 33 à 37 dix-millièmes d'azote. Il suffit, au surplus, de chauffer ces matières avec de la potasse hydratée pour obtenir un dégagement d'ammoniaque et une odeur animale d'une constatation facile.

M. Thompson a cru pouvoir déduire de plusieurs observations faites dans son laboratoire l'inégalité de richesse des parties externes et centrales du même nodule. Ainsi, dans deux échantillons analysés, ce chimiste a rencontré :

	Partie centrale.	Partie externe
	—	—
Fluorure de calcium.........	0,611	1,105
Phosphates terreux	34,015	40,019

Je n'ai pu reconnaître pour ma part la constance de ce rapport, comme l'établissent les analyses suivantes, ayant trait aux phosphates en particulier :

	Surface.	Centre.
	—	—
A......	43,0	47,5
B......	37,5	44,0
C......	44,0	43,0

Les échantillons A et B renfermaient, vous le voyez, plus de phosphore au centre qu'à la surface, et en ce qui concerne l'échantillon C, il y avait presque identité de composition dans sa masse. Je m'empresse d'ajouter, Messieurs, que ces trois expériences sont complétement insuffisantes a établir une manière de voir générale.

Et maintenant que nous connaissons les principales propriétés physiques et la composition chimique des pseudo-coprolithes, examinons les modifications dont ils sont susceptibles, en présence des agents de dissolution du sol.

Ces agents, vous le savez, Messieurs, sont extrêmement

nombreux, et certaines conditions physiques de la couche arable favorisent singulièrement leur action. Parmi eux, l'acide carbonique doit tout d'abord appeler notre attention, non qu'il ait pour rôle unique d'entraîner des phosphates basiques et de les déposer purement et simplement dans les organes du végétal, *mais parce que sa puissance dissolvante favorise les décompositions, en vertu desquelles l'acide phosphorique nous apparaît associé successivement à la magnésie, à la chaux, au fer, à l'alumine et a l'ammoniaque.* Voici les chiffres que m'ont fournis des expériences effectuées au moyen de l'appareil de Briet, employé pour préparer l'eau gazeuse, et dans lequel les substances à examiner étaient immergées.

NATURE DE L'ENGRAIS.	TEMPS DE CONTACT avec L'ACIDE CARBONIQUE.	TEMPÉRATURE.	PHOSPHATES TERREUX DISSOUS.	CARBONATE DE CHAUX DISSOUS.	TOTAL de la SUBSTANCE DISSOUTE.	RAPPORT DU PHOSPHATE au CARBONATE De chaux.
Phosphate de chaux gélatineux.......	48 hres.	+5°,0	0,460	»	0,460	»
Noir d'os en grains..	Id.	+6°,0	0,040	0,275	0,315	: : 14,54 : 100
Noir d'os fin ayant servi à la clarification...	Id.	+4°,2	0,045	0,175	0,220	: : 25,60 : 100
Charrée...........	Id.	+6°,5	0,042	0,280	0,322	: : 15 : 100
Nodules coprolithiques en poudre...	Id.	+5°,0	0,020	0,200	0,220	: : 10 : 100
Les mêmes étonnés dans l'eau froide..	Id.	+5°,0	0,020	2,200	0,220	: : 10 : 100

Vous voyez, Messieurs, que la solubilité des pseudo-coprolithes est évidente. Du reste, M. Rohart ayant soumis les nodules en poudre à l'action de l'acide carbonique dans des conditions analogues, et M. Girardin ayant dosé la quantité de phosphate basique dissoute dans son expérience, trouva qu'elle s'élevait à $0^{G},025$ par litre d'eau gazeuse. Ce chiffre se rapproche beaucoup du chiffre $0^{G},020$ que j'ai moi-même trouvé. Je n'ai pas besoin d'insister sur la portée de ces expériences qui sont surtout significatives, alors qu'on tient compte des modifications signalées par M. Dehérain et qu'éprouvent les pseudo-coprolithes au contact de l'air. Vous n'avez pas oublié d'ailleurs, Messieurs, que, d'après les expériences de MM. Boussingault et Lewy, 100 volumes de terre récemment fumée renferment de 2,27 à 9,78 d'acide carbonique. Cette notion trouve ici une application immédiate.

M. Isidore Pierre a constaté, il y a quelques années, que le phosphate de fer est soluble sous les influences combinées de l'acide carbonique et de l'acide acétique.

M. Dehérain a observé le même fait sur le phosphate minéral insoluble dans l'acide carbonique seul. Toutefois, ce chimiste ayant, pour constater cette insolubilité, employé l'acide carbonique à la pression ordinaire, j'ai cru devoir faire remarquer (1) qu'en principe, l'emploi de l'acide carbonique comme dissolvant des phosphates, doit évidemment avoir lieu dans les conditions les plus énergiques, si l'on veut tirer des faits de laboratoire une conclusion agricole. « Non-seulement, ajoutais-je, cette précaution est impérieusement indiquée par la nature des gaz contenus dans le sol cultivé, mais encore par celle des eaux de pluie et des actions multiples que les réactifs salins et acides de ce même sol exercent simultanément, pendant des mois, sur les corps en apparence insolubles. Il est évident, dès lors, qu'en faisant réagir l'eau chargée d'acide carbonique sur les phosphates minéraux réduits en poudre très fine, on

(1) *Comptes rendus de l'Académie.* Lettre à M. Elie de Beaumont. Août 1857.

doit avoir le soin d'employer un liquide chargé de plusieurs volumes de gaz.

» En résumé, disais-je en terminant : si les pseudo-coprolithes réduits en poudre fine ne sont pas sensiblement solubles dans l'eau chargée d'acide carbonique, à la pression ordinaire, et lorsque le contact du réactif a lieu *pendant vingt minutes*, il n'en résulte nullement que l'insolubilité de ces phosphates puisse en être la conséquence rigoureuse.

» Ces phosphates réduits en poudre fine et immergés dans l'eau de seltz pendant plusieurs jours, s'y dissolvent invariablement en proportion facilement appréciable.

» Exposés à l'air, ils deviennent plus solubles encore.

» Enfin, et quelle que soit la valeur de ces faits comme éléments de probabilité pour la dissolution des phosphates de chaux dans le sol, il importe, avant de formuler des lois applicables à la culture, d'observer des faits nombreux dans les sols récemment défrichés et en employant comparativement des phosphates bruts ou soumis à des actions auxiliaires chimiques ou physiques. » Je ne puis que persévérer dans cette manière de voir amplement confirmée par les faits depuis l'époque où j'en formulais les principales propositions.

Remarquez bien, Messieurs, que si je suis affirmatif lorsqu'il s'agit de faits d'une facile vérification, j'apporte au contraire la plus grande circonspection à tirer d'une expérience de laboratoire des corollaires applicables à la grande culture. Je ne devais pas dès lors, en démontrant *le premier* (1) la solubilité des pseudo-coprolithes dans l'un des acides du sol, me borner à faire entrevoir la vraisemblance de leur assimilation par les végétaux : il fallait que l'hypothèse devint réalité. Avant de vous exposer les expériences

(1) *Comptes rendus de l'Académie*. Mars 1857.

que j'ai effectuées dans ce but, je crois devoir, Messieurs, vous rappeler un principe général auquel sont subordonnés les phénomènes pratiques de l'assimilation des phosphates.

Il est très vrai que l'acide carbonique joue un rôle immense dans les phénomènes de la nutrition végétale ; mais il ne faut jamais perdre de vue que ce rôle a tout à la fois pour effet et le transport du phosphate de chaux dans le végétal et les doubles décompositions de ce sel calcaire. Ce fait n'avait pas échappé à la sagacité de Théodore de Saussure, qui posait en principe et d'une manière toute générale « que l'insolubilité des phosphates de chaux et de magnésie peut être atténuée par leur conversion en sels doubles. » J'ai démontré (1) que les sels solubles d'ammoniaque de chaux de potasse de soude et de magnésie, enfin que des extraits *humiques* agissaient comme dissolvants très énergiques du phosphate basique de chaux. « Neutres, acides ou alcalins, ces sels concourent, à tant de titres, à activer ainsi le développement des végétaux, que la nécessité de ne préjuger l'activité d'un engrais que sur des essais dans le sol en devient évidente (2). »

J'ajoutais :

« Il me semble prouvé que les sels de potasse des terrains feldspathiques exercent une action puissante sur les phosphates relativement insolubles, de chaux, de magnésie de fer et d'alumine, quel que soit d'ailleurs le degré d'oxydation de leur bases. »

Et plus loin :

« Je dois faire remarquer que plusieurs expériences faites sur des matières et dans des conditions extérieures que

(1) *Thèse pour le doctorat.* Août 1858, pag. 115

(2) Même travail, pag. 114.

je devais croire identiques, m'ont cependant donné des résultats variables. Il convient de remarquer également que du phosphate de chaux provenant d'opérations distinctes, c'est-à-dire obtenu en présence de différentes doses ou natures de réactifs dissolvants et précipitants, puis enfin calciné à des températures inégales, devra être plus ou moins solubles dans un temps donné. Je conclus de ces expériences et des essais antérieurs qu'une longue étude des engrais m'a permis d'effectuer, que les causes de dissolution ou de transformation des phosphates terreux dans le sol sont extrêmement multipliées. On s'explique dès lors les modifications des phosphates de chaux et de fer, dont l'acide se retrouve à l'état de combinaison avec la potasse dans les céréales. J'ajouterai que dans le dosage de ces phosphates sous l'influence de l'ammoniaque en excès, les analystes doivent avoir égard à cette solubilité. Si l'on dissout, en effet, un gramme de phosphate de chaux des os, dans les acides chlorhydrique ou azotique, et qu'on précipite le phosphate par l'ammoniaque, le sel ammoniacal formé retient une petite portion du phosphate en dissolution. Lorsqu'on redissout le précipité pour l'isoler de nouveau par une seconde dose d'acali, l'effet est encore plus marqué. Quatre précipitations faites à la suite les unes des autres, dans une solution chlorhydique, m'ont fourni les chiffres 0g,979, — 0g,940, — 0g,905, et enfin 0g,875 (1). Ces chiffres donnent une idée exacte de la solubilité du phosphate gélatineux dans les sels ammoniacaux. »

L'un des cas particuliers de ces phénomènes de double décomposition, dont résulte le transport facile de l'acide phosphorique, a été observé par M. Paul Thenard. Ce chimiste a spécialement étudié la conversion du phosphate de

(1) Ce fait a été également constaté par M. Rohart.

chaux en phosphate de fer et en phosphate d'alumine, puis la réaction ultérieure du silicate de chaux sur le phosphate de fer, réaction qui a pour effet la reconstitution du phosphate calcaire. Il est évident que le silicate de chaux n'a pas seul cette propriété, et que le silicate double de chaux et de soude (1), les silicates alcalins, etc., agissent de même.

Dans l'une de nos dernières réunions, j'insistais, Messieurs, sur les réactions des matières salines sur les phosphates insolubles. Eh bien, la généralité de ce principe était, à quelques jours de distance, mise de nouveau en lumière par M Dehérain, dont les expériences établissaient de nouveau (2) que les principes salins du sol réagissent sur le phosphate de chaux et le transforment aisément.

C'est là, en définitive, un fait constant dont on démontrera la réalité dans bien des cas particuliers. J'ajouterai que, selon les circonstances physiques de l'expérience, l'acide phosphorique se portera tantôt de la chaux à l'oxyde de fer et tantôt de l'oxyde de fer à la chaux. — Nous avons bien des exemples analogues dans les réactions des sels de chaux sur les sels amoniacaux. — Et *la seule loi qui en résulte*, en bonne logique, c'est *la mobilité providentielle du phosphore* sous l'influence des affinités chimiques et des conditions physiques du sol.

Tout cela, Messieurs, est quelque peu scientifique, je me hâte de rentrer sur le terrain de l'expérimentation élémentaire.

J'ai voulu tout d'abord, et malgré l'époque défavorable, faire, en mars 1857, quelques essais sur la culture du froment; j'ai, pour cela, opéré sur une terre défrîchée quelques jours seulement avant l'expérience, et dans laquelle j'ai comparativement employé des nodules pulvérisés à

(1) *Répertoire de Chimie.* Barreswil, octobre 1858.

(2) *Comptes Rendus de l'Académie.* Décembre 1858.

55 % de phosphate, et du noir animal en petits grains à 72 %. La terre, riche en humus et en principes acides, offrait les meilleures conditions pour dissoudre les phosphates terreux.

L'engrais fut employé à la dose de six hectolitres à l'hectare. Les résultats observés furent les suivants :

Dans les pièces qui avaient reçu du froment, il n'y eut pas de différence appréciable entre le produit du noir animal, du phosphate fossile légèrement animalisé, et du même phosphate mélangé de charbon très-poreux. Il y eut une supériorité assez marquée, et à laquelle j'étais loin de m'attendre, dans une autre pièce où les nodules purs et simplement réduits en poudre très-fine, avaient été employés comparativement avec le noir animal en petits grains. Dans tous ces essais, du reste, la récolte fut médiocre, quel que fût l'engrais adopté, en raison de l'époque trop récente du défrichement.

Deux pièces de terre furent ensemencées d'avoine et fumées, l'une avec des nodules en poudre, l'autre avec du noir animal. Dans les deux cas, les produits furent beaux ; et, ici encore, aucune différence appréciable, soit dans la quantité, soit dans l'aspect de la récolte, ne fût observée.

Malgré les conditions défavorables dans lesquelles cet essai préliminaire avait eu lieu, je fus frappé, je dois l'avouer, de voir mes prévisions mises en défaut au sujet de l'action des phosphates fossiles employés seuls et à l'état de poudre fine. Mes recherches de laboratoire sur quelques coefficients de solubilité dans l'acide corbonique, les lois de l'analogie, enfin, il faut bien le dire aussi, l'ignorance de la science actuelle sur les modifications qu'éprouvent les nodules en présence de l'air contenu dans le sol arabe, tout cela me conduisait à regarder ces engrais comme lentement assimilables, et devant, sous ce rapport, être classés assez loin du noir d'os. Cependant l'expérience agricole semblait contredire mes idées préconçues.

Cette contradiction se manifesta de nouveau dans des essais plus concluants.

Ma seconde série d'expériences eut lieu sur la culture du sarrasin qui, dans l'Ouest, absorbe des masses énormes de noir animal. Le surplus des quantités assimilées par cette plante reste dans le sol, où son action se fait ultérieurement sentir sur les froments d'hiver.

Pour me mettre, autant que possible, à l'abri des influences nombreuses et inégales des expériences faites en grand, je résolus de faire mes essais dans des pots, sur des substances pesées, et en présence d'éléments d'irrigation et d'exposition parfaitement identiques.

Onze pots furent remplis de terre extrêmement maigre et provenant de la désagréation des roches schisteuses. La terre fut mélangée dans chaque pot avec 10 grammes d'engrais, et deux grains de sarrasin y furent semés le 25 juin. Jusqu'au 22 septembre, jour où l'expérience fut complètement terminée, l'arrosage des pots eut lieu deux fois par jour, au moyen d'eau de pluie. La végétation marcha bien, sauf dans le cas où il y eut emploi de terre sans engrais et de nodules traités par 20 % d'acide sulfurique.

Dans ces deux circonstances, les plantes furent maigres, souffreteuses, et donnèrent une récolte insignifiante. Il ne faut pas oublier que la maigreur de la terre employée était poussée à l'extrême : l'humus n'y existait qu'en proportion très-minime ; l'aptitude à retenir l'eau et à condenser les gaz était aussi faible que possible.

Au bout de trois semaines, il était facile d'apprécier la favorable influence de l'acide phosphorique sur le sarrasin. Là où agisait le *phosphate* de chaux animalisé et le mélange de sang et de poudre de nodules, il y avait une végétation aussi luxuriante que précoce. Le noir animal était distancé. En raison de la maigreur du sol, le phosphate de chaux pur donnait de tristes résultats. Voici le résumé complet de ces observations, faites avec le plus grand soin.

Résultats de la culture du sarrasin dans une terre argilo-schisteuse, dépourvue d'humus, et en présence d'une quantité d'acide phosphorique excédant les besoins de la récolte.

DÉSIGNATION DE L'ENGRAIS.	GRAIN SEC récolté.	PAILLE SÈCHE récoltée.	RÉCOLTE totale.	HAUTEUR de la plante.	NOMBRE des grains.	OBSERVATIONS.
Phosphate fossile en grains grossiers, contenant 54 °/。 de phosphate de chaux....	0,368	1,280	1,648	$0^{m},30$	12	
— en poudre fine............. ...	0,462	1,458	1,920	$0^{m},36$	34	
— mélangé de charbon de bog-head et très-faiblement animalisé.......	1,282	1,810	3,092	$0^{m},50$	111	
— mélangé de sang sec et contenant 5 °/。 d'azote..........	1,693	2,190	3,883	$0^{m},44$	137	
— traité par 20 °/。 d'acide sulfurique et neutralisé par la craie.........	0,020	0,870	0,890	$0^{m},27$	2	Avorté.
— traité par l'acide chlorhydrique.....	0,547	0,790	1,337	$0^{m},30$	33	
— pur, régénéré des nodules........	0,630	0,700	1,330	$0^{m},30$	40	
Noir de raffinerie, 67 °/。 de phosphate et 1 °/。 d'azote....................	0,970	0,893	1,863	$0^{m},38$	64	
Noir provenant des fabriques de gélatine, 83 °/。 de phosphate et 5 °/。 de charbon.	0,212	0,375	0,587	$0^{m},29$	18	Mal venu.
Guano des Caraïbes, 74 °/。 de phosphate, 4 millièmes d'azote............	0,703	0,845	1,548	$0^{m},35$	45	
Terre maigre sans engrais....	0,040	0,724	0,764	$0^{m},27$	4	Avorté.

Ce qu'il importe tout d'abord de constater en faisant l'examen de ces chiffres, c'est qu'ils éclairent un point spécial de la question, sans constituer pour cela, bien entendu, une échelle de rendement applicable aux conditions de la grande culture. Il est évident, en effet, que l'action d'entraînement produite par l'azote n'était point adaptée ici au phosphate du noir animal comme à celui des nodules mélangés de sang. Je vous ferai toutefois remarquer que l'expérience 3, dont les résultats sont très-beaux, a été faite sous l'influence de faibles proportions de substances animales. Le charbon végétal poreux avait-il une action condensatrice immédiatement utilisée ? Cela semble probable.

Trois récoltes de sarrasin faites en 1858, dans les mêmes conditions d'arrosage et de soustraction à toute influence perturbatrice extérieure, m'ont fourni pour deux plants :

DÉSIGNATION DE L'ENGRAIS.	HAUTEUR de LA PLANTE.	POIDS DU GRAIN récolté.	NOMBRE des GRAINS.
Noir seul 60 % de phosphate.	0m,30	0g,685	27
Poudre fine de nodules.	0m,60	2g,670	110
Nodules traités par l'acide sulfurique.	0m,18	0g,080	6

Le mauvais effet du phosphate acidifié ne proviendrait-il pas de l'absence de bases énergiques dans le sol factice où se faisaient mes expériences? Je suis très porté à le croire.

Au surplus, Messieurs, les résultats de ces essais, qui pouvaient avoir un certain intérêt à l'époque où je les commençais, sont aujourd'hui confirmés par des expériences nombreuses et convaincantes, effectuées sur une grande échelle. La pratique a établi la réalité des propositions que je formulais en 1857 et à l'expression desquelles je n'ai pas un mot à changer.

1° Les nodules de phosphate de chaux des Ardennes, réduits en poudre fine et exposés quelques mois à l'air, sont assimilables par les végétaux ;

2° Leur action favorable dans les sols granitiques et schisteux, dans les défrichements des landes et bruyères, peut être variable, selon qu'on les emploie seuls ou associés à des substances organiques ;

3° Ainsi que cela se remarque dans l'emploi des phosphates du noir animal, il a convenance, tantôt à associer des substances organiques aux nodules, pour fertiliser les terres pauvres en agents dissolvants ; tantôt, au contraire, à les employer seuls, dans les défrichements où abondent les détritus végétaux ;

4° L'addition du sang aux nodules en poudre fine donne des résultats excellents, au triple point de vue du rendement en grain, de la vigueur de la paille et de la précocité.

5° Il n'y aura probablement lieu d'employer l'action des acides, pour favoriser l'assimilation des nodules, que dans les terres ou les cultures où le *superphosphate* est actuellement reconnu utile par les agriculteurs. Dans tous les cas, au contraire, où le noir d'os en grains est rapidement dissous, les nodules en poudre fine seront eux-mêmes assimilés.

Déjà, Messieurs, ces vérités se vulgarisent malgré cette immense force de la routine qui s'appelle inertie. Déjà des hommes honorables appliquent tous leurs moyens d'action à la recherche et à la propagation officielle des résultats que les phosphates minéraux peuvent fournir dans le défrichement et la culture des sols argilo-schisteux. Tout récemment (novembre 1858) — et c'est un exemple que j'aime à signaler — le comité central des comices agricoles de Guingamp distribuait à ses lauréats de la poudre de pseudo-corpolithes en même temps que des instruments et des primes en argent. On ne saurait trop applaudir à des efforts aussi intelligents et faire trop de vœux pour qu'ils soient imités. En général, il faut le dire, les comices oublient trop facilement, dans l'Ouest, que la question des engrais a tout autant d'importance que celle des instruments.

NEUVIÈME LEÇON.

La phosphorite de l'Estramadure. — Sa composition. — Ses caractères. — Est-elle assimilable?. — La phosphorite considérée comme élément du superphosphate de chaux. — Abondance des gisements de Logrosan. — Question d'extraction. — Question de transport. — Prix du phosphate contenu dans le minerai brut. — Combinaison de l'industrie de la phosphorite avec celle de la soude artificielle — Gisements d'apatite en Espagne. — Possibilité de modifier le minerai sur les lieux d'extraction.

MESSIEURS,

En étudiant successivement les produits osseux et les substances coprolithiques, nous avons examiné le passé et le présent d'un problême de chimie agricole dont il me reste désormais à caractériser l'avenir. Ce sera le but de cette conférence.

Ce n'est pas seulement à l'état de substances coprolitiques ou d'os fossiles que le phosphate de chaux d'origine ancienne nous apparaît dans le sol. Il existe, en effet, des gisements énormes de cette matière constituant une véritable pierre analogue aux matériaux qu'on extrait des carrières. Telle est son abondance en Estramadure, telle a été pendant longtemps l'ignorance sur le parti qu'on pouvait en tirer, qu'on s'est servi quelquefois de ce phosphate pour élever des clôtures de propriété et construire des maisons! Un tel état de choses ne pouvait se perpétuer en plein dix-neuvième siècle et au milieu des prodiges qu'accomplit chaque jour la science industrielle. La lumière n'a pas tardé à se faire sur les richesses enfouies dans les gisements de phosphate de chaux de l'Estramadure, et cette question consciencieusement étudiée par les Daubeny,

Widdrington, de Luna, Rosway, etc., peut être désormais considérée comme l'une des faces curieuses du problème que j'ai l'honneur de discuter devant vous.

Au treizième siècle, Bowles, savant anglais, chargé par le roi Ferdinand IV de la description des richesses naturelles de l'Espagne, signalait déjà l'existence d'un des principaux filons de phosphate de chaux de Logrosan. Ce minerai, dont la phosphorescence toute spéciale avait attiré l'attention, fut désigné par les Espagnols sous le nom de *fosforita*. On le connaît indifféremment en Angleterre et en France sous les noms de *phosphorite* ou d'*apatite*, bien que ces deux mots ne soient pas synonimes. L'apatite est une substance à caractères constants, tandis que dans le phosphorite de Logrosan, le phosphate de chaux est associé à des matières diverses dont la proportion varie. Mais ces détails n'ont point ici une très-grande importance, et ce qu'il m'importe de vous signaler, c'est la composition moyenne du phosphate de Logrosan telle que l'ont déterminée les ingénieurs ou chimistes dont je vous ai tout à l'heure cité les noms.

Compostion de la phosphorite de Logrosan.

	DAUBENY.	ECOLE DES MINES DE Saint-Etienne.	R. DE LUNA.
Eau	»	0,40	»
Phosphate basique de chaux	81,15	95,00	82,00
Phosphate de magnésie	»	»	1,00
Fluorure de calcium	14,00	2,25	8,00
Peroxyde de fer	3,14	Traces.	»
Phosphate de fer	»	»	7,00
Silice	1,70	2,00	2,00
Chlorure de calcium	»	0,35	»
	99,99	100,00	100,00

Les différences qui existent entre ces analyses démontrent que la masse de phosphate n'est pas complètement homogène. Ce n'est pas là, d'autre part, de l'apatite proprement dite. Dans cette dernière substance, en effet, il y a constamment trois proportions de phosphate basique de chaux, unies à une proportion de chlorure ou de fluorure de calcium. Ce qui ressort toutefois des chiffres que je viens de mettre sous vos yeux, c'est que le gisement de Logrosan, en raison de sa richesse en phosphate de chaux, doit attirer l'attention de l'industrie et de l'agriculture. Voici, au surplus, les principaux caractères de la phosphorite de cette localité.

C'est une matière blanche, souvent ternie par un enduit ocreux, et dont la densité varie de 2,03 à 2,83. Elle représente 2,400 à 2,825 kilog. par mètre cube, selon que l'expérience est faite sur des blocs compactes ou des fragments de la grosseur du poing. Bien qu'elle soit facile à pulvériser, cette substance a une texture fibreuse et rayonnée; sa poudre raye le verre (Rosway) et lorsqu'on la projette sur des charbons ardents et dans un lieu obscur, on aperçoit une lueur verdâtre persistante, qui lui a fait donner le nom à la *fosforita*. L'apparition de cette lueur se rattache à l'une des mystérieuses actions qui accompagnent tout changement de forme de la matière.

Pulvérisée et mise en contact avec de l'eau gazeuse dans un appareil de Briet, la phosphorite n'abandonne que des traces de phosphate à ce dissolvant. Comparativement essayés les pseudo-coprolithes perdent 20 à 25 milligrammes. J'ai varié les essais ayant pour but la recherche de la solubilité de cette roche, et je l'ai traitée par l'eau saturée de sel marin. Ici encore l'avantage était pour la poudre de nodules.

J'ai tenté enfin de détruire par l'action alternative de la

chaleur rouge et de l'eau froide, la texture rayonnée de la phosphorite, et de produire ainsi une amélioration dans sa solubilité. Cette expérience ne m'a donné aucun résultat.

Il y a ici, vous le voyez Messieurs, des conditions tout à fait différentes de celles que j'ai énumérées, en vous parlant des nodules d'origine organique. Ici plus de porosité, sensible plus de matière animale interposée, et dès lors pas d'aptitude à subir ces modifications profondes, ayant l'assimilation pour effet. J'ajouterai que des essais effectués sur le sol à l'aide de la phosphorite simplement mélangée avec des matières animales, ont confirmé les résultats que m'avait fournis la recherche de la solubilité dans le laboratoire.

Jusqu'à présent je n'ai pas constaté que la phosphorite même en poudre fine, fut sensiblement assimilable, mais je suis loin, et fort loin Messieurs, de regarder cette question comme tranchée par les résultats négatifs auxquels des tentatives peu nombreuses m'ont conduit. Il est évident pour moi, que la phosphorite est beaucoup moins assimilable que les pseudo-coprolithes, mais je n'oserais affirmer encore que des influences analogues au séjour prolongé dans des matières fermentescibles ou à toute pratique, ne conduiront pas à rendre possible l'emploi direct de ce précieux amendement. Il y a là un sujet de recherches pratiques, que je soumets Messieurs, à vos méditations.

Je dirai plus, des essais agricoles ont été faits par le savant professeur Daubeny, d'Oxford, a son retour d'un voyage d'exploration à Logrosan, et de ses essais il est résulté que la phosphorite employée *seule* a donné des résultats assez favorables. Je dois déclarer, Messieurs, que je n'ai point trouvé cette partie des expériences de M. Daubeny assez concluante pour en reproduire les chiffres.

Je crois être prudent, en considérant la question de l'*emploi direct* de la phosphorite, comme entière et digne d'être étudiée. Aussi bien la phosphorite, alors même qu'elle ne serait pas assimilable directement, est encore appelée à jouer un rôle considérable dans les cultures de la France et de l'Angleterre. C'est ce qu'il me sera facile de vous démontrer.

Supposez, Messieurs, que la phosphorite pulvérisée ait été traitée par l'acide sulfurique comme le sont quotidiennement chez nos voisins les os ou les phosphates fossiles. Vous comprenez facilement que sa richesse en phosphate réel en fera un élément précieux pour le fabricant. D'autre part, comme dans l'emploi des superphosphates, le phosphate basique, régénéré par l'action des acides du sol, est toujours identique, toutes choses égales d'ailleurs : il en résulte que dans les terrains où réussissent les *superphosphates*, la phosphorite d'Estramadure acidifiée réussira également. C'est ce que les expériences de M. Daubeny ont prouvé surabondamment, et ce qui pouvait, du reste, être affirmé *a priori*.

Voilà, Messieurs, l'état actuel de nos connaissances sur l'action fertilisante du phosphate de chaux de Logrosan. Avant d'aller plus loin et d'envisager l'avenir réservé à la consommation de cette substance, essayons de nous rendre compte de son abondance, des conditions de son extraction et de ses débouchés possibles. Les mémoires inédits de M. Rosway, ingénieur des mines, et de M. de Luna, professeur de chimie à l'université de Madrid, vont nous faciliter cette tâche.

Il résulte d'études sérieuses, que les *filons-couches* de phosphate de chaux de Logrosan sont intercalés entre des schistes siluriens et occupent un espace de 30 à 50 kilomètres carrés. Telle est la puissance de ces filons, qu'ils peuvent être exploités à ciel ouvert ou en tranchées à la base des différentes collines qu'ils prennent en écharpe et sans frais considérables. L'un d'eux, celui de Costanaza, présente une hauteur verticale de vingt-cinq à cinquante mètres, dans laquelle le pic du mineur peut agir sans craindre les eaux d'infiltration, et si j'ajoute que sur le lieu d'exploitation le phosphate massif a 90 % de richesse moyenne revient de 75 centimes à 1 franc la tonne, vous comprendrez, Messieurs, que toute la question des phosphates d'Espagne doit se réduire désormais à une question de transports.

De quoi s'agit-il ? de faire arriver la phosphorite en France, de telle sorte que son phosphate réel soit de quelques centimes meilleur marché que le principe plus assimilable du noir animal. Tout nous prouve que ce résultat est possible dans un avenir prochain. Logrosan est, en effet, en communication avec l'Océan par Séville et Lisbonne. Les frais de transport sur Séville seraient trop considérables ; mais en dirigeant le minerai vers le Tage, à la hauteur de *Cedillo*, où ce fleuve est navigable pour des barques de 30 à 35 tonnes, ou bien encore au point nommé ***Barcas de Alconetar***, ou enfin à ***Alcantara***, qui tous deux sont plus rapprochés de Logrosan, on entrevoit une solution industrielle du problème posé au génie civil moderne.

J'ai sous les yeux un excellent travail de M. l'ingénieur Rosway, qui traite avec compétence des transports de la phosphorite. Il résulte des faits développés dans ce travail, qu'en organisant soit un service de charrettes de Logrosan au Tage (1), soit un petit chemin de fer, on pourrait

(1) Le transport par charrettes se fait dans la péninsule dans des conditions fort diverses. En Navarre, où les routes sont assez bonnes, mais où les conditions d'alimentation du bétail sont bien moins favorables qu'en Estramadure, pays essentiellement couvert de pâturages, le type constant et régulier des transports bien organisés est de

expédier en France et en Angleterre, à des prix commercialement abordables, jusqu'à *deux cent mille tonnes de phosphorite par année.* M. Rosway estime que l'organisation du service de transport de charrettes demanderait 600,000 francs et le chemin de fer 5,500,000 francs. Dans l'opinion de cet ingénieur, si on ne transportait qu'à l'aide de charrettes — 50 à 60,000 tonnes par an — il faudrait *près d'un siècle* pour épuiser les gisements de Logrosan (1) !

J'ai tout lieu de croire, Messieurs, que si une impulsion vigoureuse était donnée à l'exploitation de la phosphorite de l'Estramadure, le port de Nantes verrait bientôt arriver des phosphates pulvérisés à 90 % de richesse et au prix de 10 fr. les 100 kilogrammes. Ce serait du phosphate pur à 11 cent. le kilogramme.

Si le minerai — comme cela est probable — pouvait être vendu à raison de 9 fr., le phosphate pur serait abaissé au prix de 10 cent. Or, aujourd'hui même où la baisse des produits osseux est arrivée à ce point que leur commerce subit une véritable crise, aujourd'hui que du noir animal à 80 % de richesse se vend 12 fr. l'hectolitre

0r,24 par quintal castillan et par lieue. En Asturie, dans les mines de charbon, où les charretiers font même concurrence au chemin de fer de Gijon, on paie 0r,27. — Dans la province de Valence, les charbons du vallon de Santullan, expédiés par le canal de Castille à Valladolid, se transportent à Madrid, depuis ce dernier point, au prix de 0r,30, et, exceptionnellement, 0r,35 par quintal et par lieue. Or, dans tous les cas cités, il y a bénéfice pour les charretiers. La société exploitante pourrait donc faire ce transport à ce prix et même plus économiquement si elle l'organisait avec méthode en achetant des pâturages pour son bétail, en deux ou trois points de halte de la route, et en établissant des relais.

Un très grand nombre de paysans de l'Estramadure vit exclusivement de l'industrie des transports. Les charretiers de Miajadas (cinq lieues de Logrosan) parcourent toutes les routes de l'Espagne : il y a dans cette petite ville plus de 800 charrettes à deux mules. (Un réal vaut 0f,263.)

(1) Je dois à l'obligence de M. J. Lebrun des documents sérieux sur les gisements de Logrosan.

de 95 kilog. (1), ce qui met le phosphate pur à 15 cent. le kilogramme, il y aurait encore à l'avantage de la phosphorite une marge telle qu'on pourrait peut-être la modifier industriellement et la rendre directement assimilable. Cette marge deviendra considérable lorsque les produits osseux auront repris les cours moyens *dont ils sont exceptionnellement éloignés* depuis 1858.

Et permettez-moi, Messieurs, de vous entraîner sur le terrain d'une hypothèse que la tendance industrielle et la puissance scientifique de notre époque élèvent presque à la hauteur d'une réalité. Il existe une localité en France où s'effectue sur une vaste échelle la décomposition du sel marin par l'acide sulfurique. J'ai nommé Marseille, qui consomme chaque année environ 20 millions de kilog. de sel pour obtenir les soudes brutes qui entrent dans la production du savon et des *sels de soude*. La décomposition de ces 20 millions de kilog. de sel marin donnerait lieu, dans nos usines du Nord, à la condensation de 24 millions de kilog. d'acide chlorhydrique. A Marseille, cet acide est perdu. Eh bien ! supposez maintenant que des phosphorites en fragments arrivent dans ce port et que les produits gazeux des fours à décomposer le sel soient dirigés dans des conduits appropriés, sur le minerai arrosé par des courants d'eau. N'est-il pas évident qu'on aura ainsi obtenu à frais minimes et au grand avantage de la salubrité, une dissolution de phosphate acide ? Cela est incontestable.

Mais poursuivons : de cette dissolution, la chaux précipitera facilement du phosphate basique gélatineux très assimilable. Et voilà peut-être une nouvelle et puissante industrie organisée en France.

(1) Au moment où j'écris ces lignes, les fabricants de gélatine qui travaillent à l'aide pes acides offrent du phosphate basique à 80 °/. de richesse et du poids de 55 kilog. l'hectolitre à raison de 14 fr. à Paris. C'est du phosphate pur à 17 centimes à Paris.

Remarquez, Messieurs, jusqu'à quel point notre commerce et notre industrie, déjà solidaires de la Péninsule espagnole en beaucoup de circonstances, peuvent entrevoir de nouveaux points de contact avec cette contrée dont le règne minéral est si riche. Ce n'est pas seulement à l'Estramadure que l'agriculture française pourra demander dans l'avenir du phosphate de chaux pour ses défrichements et ses cultures. A quelques heures de Marseille, en effet, à quatre kilomètres seulement du chemin de fer de Saragosse, il y aurait, si j'en crois des renseignements récents, des gisements assez considérables d'apatite à 25 % de phosphate en moyenne. Ce qui semble donner une grande portée à cette découverte, c'est la proximité de masses considérables de sulfate de magnésie et de sel marin. Il résulte d'expériences de M. de Luna (1), que la décomposition du sel marin peut avoir lieu sous l'influence du sulfate de magnésie, de manière à fournir tout à la fois et le sulfate de soude et l'acide chlorhydrique. C'est dire, Messsieurs, que si l'apatite existe en masses considérables dans de telles conditions de voisinage, on arrivera bientôt, grâce à la réaction reconnue par M. de Luna, à expédier facilement à Marseille du phosphate gélatineux régénéré de l'apatite. Encore un problème posé à la chimie. Encore un élément de production pour l'agriculture. Encore un aliment au commerce déjà si actif de la France avec l'Espagne.

Le dernier tableau décennal publié par le gouvernement français, prouve que les échanges entre les deux pays étaient représentés par les chiffres moyens de 91 millions de 1827 à 1836, de 127 millions de 1837 à 1846, enfin de 157 millions de 1847 à 1856. Le chiffre spécial à 1856 s'élevait à 246 millions.

(1) Comptes rendus de l'Académie des Sciences — 1855, 2e semestre, page 95.

Si on examine particulièrement les importations espagnoles, pour les mêmes périodes décennales, on reconnaît qu'elles sont exprimées, en moyenne, par 32 millions, 40 millions et 58 millions. L'année 1856, calculée isolément, comportait 96 millions.

Le tonnage moyen correspondant à ces valeurs officielles était de 27,972 tonnes de 1827 à 1836, de 35,055 tonnes de 1837 à 1846, et enfin de 46,714 tonnes de 1847 à 1856.

La progression remarquablement croissante exprimée par ces chiffres ne s'arrêtera certainement pas, et parmi les nombreux faits qui rendent cette assertion vraisemblable, l'exploitation de la phosphorite peut être signalée.

A quelque point de vue qu'on se place, la question des phosphates a donc un intérêt saisissant. Qu'on l'examine en économiste, en agronome ou en physiologiste, on demeure également convaincu que les plus graves problèmes se rattachent à sa solution. Voilà, Messieurs, ce que je voulais surtout établir dans ces leçons, et, dussé-je m'illusionner, je crois avoir en partie réussi, si j'en juge par l'attention bienveillante et soutenue que vous m'avez prêtée.

BULLETIN BIBLIOGRAPHIQUE.

Plusieurs ouvrages signalés dans cette liste renferment les résumés de travaux spéciaux, qu'il eut été trop long de signaler séparément et avec détails. Le lecteur qui consultera, par exemple, le remarquable mémoire de M. Elie de Beaumont, y trouvera des indications de sources nombreuses auxquelles il pourra avoir recours. Je me suis spécialemet attaché à donner les titres des publications récentes et que les agriculteurs ou les industriels pourront consulter avec utilité immédiate.

MÉMOIRE SUR L'HISTOIRE NATURELLE ET SUR LA RICHESSE MINÉRALE DE LESPAGNE, par Leplay. Paris.

SUR LE PHOSPHATE DE CHAUX D'ESTRAMADURE, par Leplay. *Annales des Mines*. 3e série. Tome V. 1834.

DE L'APATITE D'ESTRAMADURE. *Quaterly journal of the geological society of London*. V. 1.

PSEUDO-COPROLITHES ET COPROLITHES, par Thomson. Bristol, 1851.

ÉTUDES SUR L'UTILITÉ AGRICOLE ET SUR LES GISEMENTS GÉOLOGIQUES DU PHOSPHORE, par M. Elie de Beaumont. *Moniteur* des 24 et 25 juillet 1856, 11, 12 février, 26, 27 mars, 18 et 28 juillet 1857.

RAPPORT A M. LE PRÉFET DE LA LOIRE-INFÉRIEURE sur la production et le commerce des Engrais. Exercice 1855-1856; par M. Adolphe Bobierre, chimiste-vérificateur des Engrais. Nantes, imp. W. Busseuil.

MÉMOIRE SUR LE PHOSPHATE DE CHAUX DE LOGROSAN, par M. Clément Rosway. Inédit.

SOCIÉTÉ GÉNÉRALE D'EXPLOITATION DU PHOSPHATE DE CHAUX FOSSILE, par MM. Demolon et Thurneyssen, 1857. Vaugirard, imp. Choisnet. — Cette brochure renferme un Mémoire adressé par les auteurs à l'Académie des Sciences, et inséré par extrait dans les comptes-rendus de cette Société.

RAPPORT A SA MAJESTÉ L'EMPEREUR, sur l'importance agricole des gisements de phosphate de chaux, par M. Adolphe Bobierre, 1857. (Inédit.)

RAPPORT A M. LE PRÉFET DE LA LOIRE-INFÉRIEURE sur la production et le commerce des engrais; exercice 1856-57; par M. Adolphe Bobierre. *Journal d'Agriculture pratique*, septembre 1857.

SUR LES PHOSPHATES FOSSILES, par M. Dugléré. *Comptes-rendus de l'Académie des Sciences,* 1857, 1er semestre 1857, p. 97.

DÉCOUVERTE ET EXPLOITATION EN FRANCE DE VASTES GISEMENTS DE PHOSPHATE DE CHAUX FOSSILE, par M. Démolon, 1857. Saint-Malo. imp. Hamel.

RENSEIGNEMENTS SUR LE TRAITEMENT INDUSTRIEL DES PHOSPHATES MINÉRAUX, par M. Elie de Beaumont. *Comptes rendus de l'Académie des Sciences,* 1857, 1er semestre, p. 506.

SUR LA SOLUBILITÉ DU PHOSPHATE DE CHAUX DANS CERTAINS LIQUIDES ORGANIQUES, par M. Mandl. *Comptes-rendus* 1857, 1er semestre, p. 1108.

ACTION DES NODULES DE PHOSPHATE DE CHAUX sur la végétation dans les sols granitiques et schisteux, par M. Adolphe Bobierre. *Comptes-Rendus*, 1857, 2e semestre, page 636.

DE LA SOLUBILITÉ DES PHOSPHATES MINÉRAUX DANS L'ACIDE CARBONIQUE, lettre de M. Adolphe Bobierre à M. Elie de Beaumont. *Comptes-Rendus* 1857, 2e semestre 1857, page 167.

DE LA SOLUBILITÉ DES PHOSPHATES MINÉRAUX DANS LES ACIDES DU SOL, par M. Dehérain. *Comptes-Rendus* 1857, 2e semestre, page 13.

LETTRE SUR LA DÉCOUVERTE DES PHOSPHATES DE CHAUX EXPLOITABLE DANS L'INTÉRÊT AGRICOLE, par Nesbit. *Comptes-Rendus* 1857, 2e semestre, page 1110.

MEMORIA SOBRE LA IMPORTANCIA AGRICOLA DE LA FOSFORITA DE LOGROSAN, par D. R. Z. Munoz y Luna. Madrid 1857, inédit.

SUR LE PHOSPHATE DE CHAUX DE LOGROSAN, EN ESTRAMADURE. Note du même auteur. *Comptes-Rendus* 1857, 2e semestre, page 376.

DE L'ACTION DES CHARRÉES ET DES PHOSPHATES FOSSILES DANS LES DÉFRICHEMENTS, par M. Adolphe Bobierre. *Comptes-Rendus* 1857, 1er semestre.

DES PHOSPHATES DES OS ET DES PHOSPHATES MINÉRAUX, par M. Moride. *Comptes-Rendus* 1857, 1er semestre, p. 239.

RAPPORT SUR CES DEUX COMMUNICATIONS, par M. Payen. Même volume, pages 502 et 503.

DISCUSSION DU MÊME PROBLÈME, par MM. Barral, de la Tréhonnais, Demolon, etc. *Journal d'Agriculture pratique*, février, mars, avril, juillet, août 1857, et avril 1858.

BULLETIN DES SÉANCES DE LA SOCIÉTÉ IMPÉRIALE ET CENTRALE D'AGRICULTURE, rédigé par M. Payen, secrétaire perpétuel. 1857, tome XII, n° 8.

AGRICULTURE ET PHOSPHATE DE CHAUX, par M. Baudement. *Constitutionnel* du 23 janvier 1857.

ANALYSE D'UNE SUBSTANCE DITE GUANO PHOSPHATIQUE, par Adolphe Bobierre. *Comptes-Rendus* 1857, 1er semestre, page 1013.

COMPOSITION D'UN PHOSPHATE NATUREL RÉPANDU ABONDAMMENT A LA SURFACE DU SOL DANS UNE DES ILES DES ANTILLES, par M. Malaguti. *Comptes-Rendus* 1857, 2me semestre, page 84.

PHOSPHATE DE CHAUX FOSSILE, A. Pommier. *Écho Agricole*, 6 janvier 1858.

PHOSPHATE DE CHAUX FOSSILE, A. Pommier. *Echo Agricole*, 3 février 1858.

SUR LA MANIÈRE DONT LES PHOSPHATES PASSENT DANS LES PLANTES, par Paul Thénard. *Journal d'Agriculture de la Côte-d'Or*, février 1858.

RAPPORT A M. LE PRÉFET DE LA LOIRE-INFÉRIEURE (même sujet), 1857-1858. *Courrier de Nantes*, 28 août. Imp. W. Busseuil.

DES PHOSPHATES ASSIMILABLES, AZOTÉS, Paris, 1858, sans nom d'auteur. Imp. Wittersheim.

DU PHOSPHATE DE CHAUX ET DE SON UTILITÉ DANS LA VÉGÉTATION, par M. Demolon. 1858, Paris, imp. de Boisseau et Augros.

GUIDE DE LA FABRICATION ÉCONOMIQUE DES ENGRAIS, par Rohart. 1858, Paris, imp. Bourdier et Cie.

MÉMOIRE SUR L'APATITE, par MM. H. Sainte-Claire Deville et H. Caron. *Comptes-rendus de l'Académie des Sciences,* 20 décembre 1858.

SUR LES TRANSFORMATIONS QUE LE PHOSPHATE DE CHAUX ÉPROUVE DANS LE SOL, par M. Dehérain. Même recueil. Même numéro.

[illegible] en agriculture

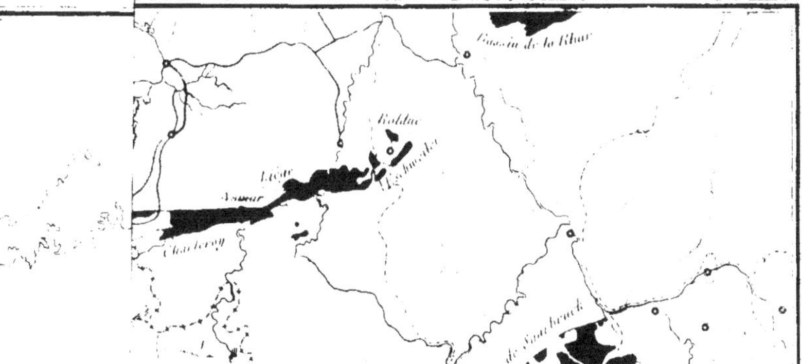

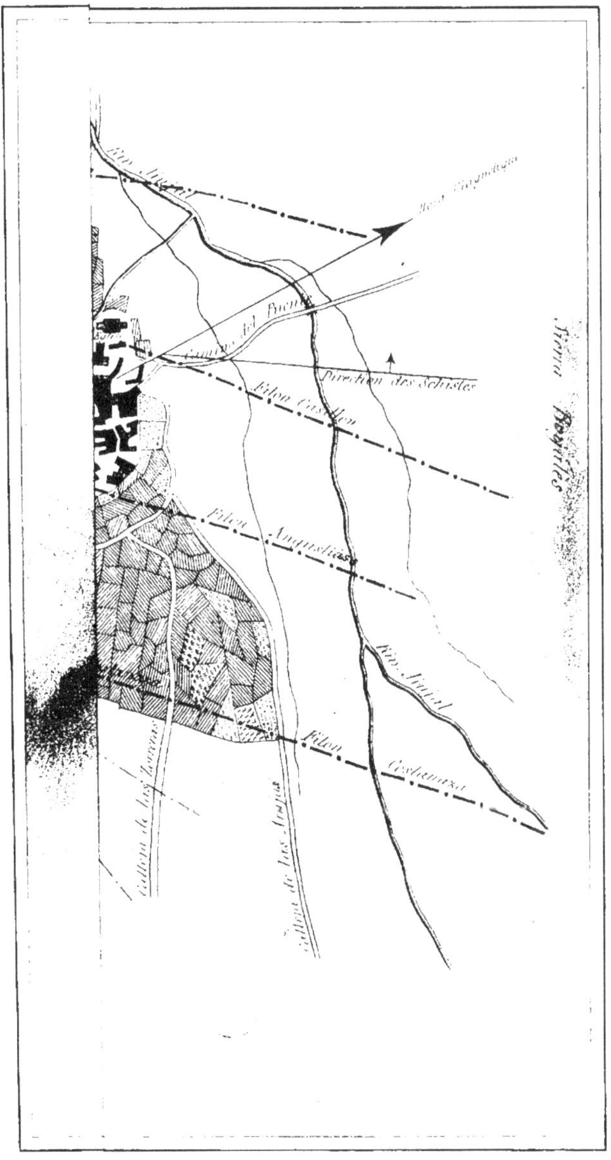
Camino del Puente
Direction des Schistes
Filon Castillon
Filon Angustias
Filon Costanaza
Sierra
Rio Jutal
Calleja de las Zorreras
Calleja de las Arquas

indiquant les affleurements des filons de phosphate de chaux

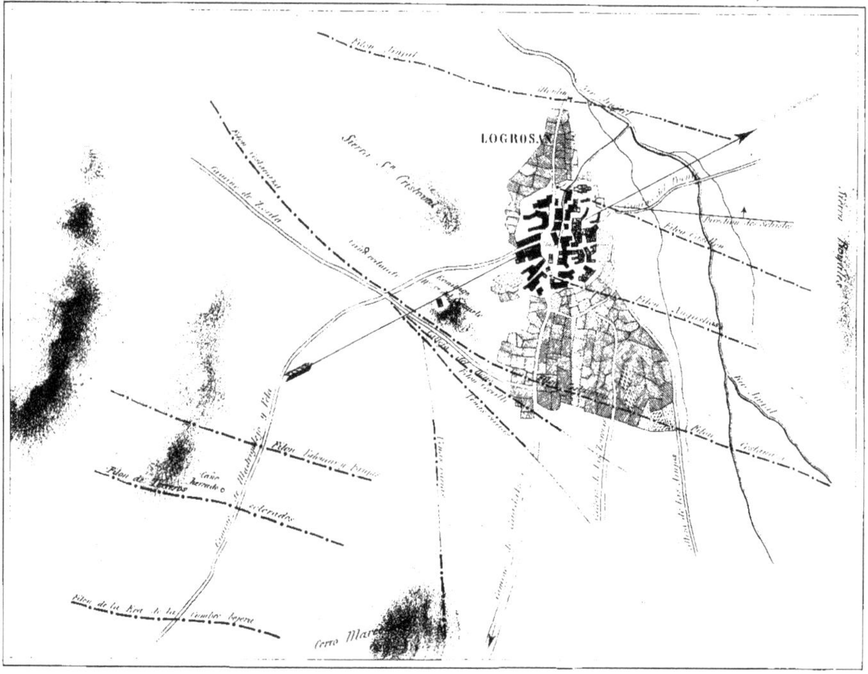

LOGROSAN

DU MÊME AUTEUR.

RAPPORT A M. LE MINISTRE DE L'AGRICULTURE SUR LE COMMERCE DES ENGRAIS DANS L'OUEST DE LA FRANCE, inséré dans les *Annales Agronomiques*, publiées par ordre du ministère. — Numéro d'avril 1851.

CONSEILS AUX CULTIVATEURS DE L'OUEST, sur l'Achat et l'Emploi des Engrais. — 2me édition. — Ouvrage recommandé par circulaire préfectorale insérée au Bulletin des Actes administratifs de la Loire-Inférieure.

LE NOIR ANIMAL. — Analyse, — Emploi, — Vente. — 2me édition. — Ouvrage publié avec le concours de M. le ministre de l'agriculture.

NOTE SUR LA NÉCESSITÉ D'UNE LÉGISLATION RÉPRESSIVE en matière de transactions sur les engrais industriels. (Extrait des Annales de la Société Académique de Nantes.)

OBSERVATIONS RELATIVES A L'AGRICULTURE DE L'OUEST, Thèse de Chimie pour le doctorat ès-sciences. — Paris, 1858.

LEÇONS ÉLÉMENTAIRES DE CHIMIE APPLIQUÉE, professées à la chaire municipale de Nantes, sous les auspices du ministère de l'agriculture. Grand in-18 de 500 pages, avec planches.

DES ALTÉRATIONS ÉLECTRO-CHIMIQUES DES DOUBLAGES DE NAVIRES, Thèse de Physique pour le doctorat ès-sciences.

POUR PARAITRE PROCHAINEMENT.

ÉTUDES CHIMIQUES SUR LA COMPOSITION DES EAUX DU CANAL DE BRETAGNE, DANS LA TRAVERSE DE NANTES.

Nantes, Imp. W Busseuil.

BIBLIOTHEQUE NATIONALE DE FRANCE
3 7531 05083994 4

www.ingramcontent.com/pod-product-compliance
Ingram Content Group UK Ltd.
Pitfield, Milton Keynes, MK11 3LW, UK
UKHW021056260726
13994UKWH00002B/540

9 782329 446158